“绿水青山”向“金山银山”转化

典型村镇案例汇编

LÜSHUI QINGSHAN XIANG JINSHAN YINSHAN ZHUANHUA DIANXING CUNZHEN ANLI HUIBIAN

生态环境部脱贫攻坚领导小组办公室/编

中国环境出版集团·北京

图书在版编目（CIP）数据

“绿水青山”向“金山银山”转化典型村镇案例汇编/生态环境部脱贫攻坚领导小组办公室编. -- 北京：中国环境出版集团, 2020.12

ISBN 978-7-5111-4582-6

Ⅰ.①绿… Ⅱ.①生… Ⅲ.①山区－生态环境建设－案例－中国 Ⅳ.①X321.2

中国版本图书馆CIP数据核字(2020)第263579号

出 版 人　武德凯
责任编辑　赵楠婕
责任校对　任　丽
封面设计　岳　帅

出版发行　中国环境出版集团
（100062 北京市东城区广渠门内大街16号）
网　　址：http://www.cesp.com.cn
电子邮箱：bjgl@cesp.com.cn
联系电话：010-67112765（编辑管理部）
010-67162011（第四分社）
发行热线：010-67125803 010-67113405（传真）
印　　刷　北京中科印刷有限公司
经　　销　各地新华书店
版　　次　2020年12月第1版
印　　次　2020年12月第1次印刷
开　　本　787×1092 1/16
印　　张　20.75
字　　数　300千字
定　　价　138.00元

序 言

乡村是绿水青山资源的集聚地，良好的生态环境是乡村的最大优势和宝贵财富。乡村地区普遍经济基础薄弱，面临着振兴发展与保护生态环境的双重压力。践行“绿水青山就是金山银山”的绿色发展理念，就是要坚定不移走生态优先、绿色发展之路，夯实生态本底，守住环境质量底线，推行产业生态化和生态产业化，努力把“绿水青山”的生态环境优势转化为“金山银山”的经济发展优势，推进“绿水青山”与“金山银山”的良性互促，实现生态美、产业兴、百姓富的统一。

为深入贯彻落实习近平生态文明思想和习近平总书记关于扶贫工作的重要论述，生态环境部于2019年11月—2020年2月通过各省（区、市）生态环境厅（局）在全国范围征集了一批村镇层面的“绿水青山就是金山银山”典型案例，经专家评审，筛选出40个比较典型的案例，这些案例中的做法经验有一定推广价值，与相关地方共同完善后我们将这些案例汇编成册，供全国广大农村地区，特别是脱贫摘帽地区参考借鉴。同时，生态环境部将继续探索将“绿水青山”转化为“金山银山”的有效路径，积极推进生态产业化和产业生态化，努力提升乡村生态经济发展水平，推动实现生态美、百姓富、国家强的协调统一。

生态环境部脱贫攻坚领导小组办公室

2020 年 6 月

目录

第一篇　华北地区和东北地区

第二篇　华东地区

第三篇 华南地区

第四篇 西北地区

第五篇　西南地区

第一篇

华北地区和东北地区

案例一

当好“绿水青山就是金山银山”守护人 “卖炭翁”变身“股东”

北京市门头沟区妙峰山镇炭厂村

一、背景情况

（一）简要概况

炭厂村位于北京市门头沟区妙峰山镇西北部的深山区，四面环山，距北京城 45 千米，距 109 国道下苇甸路段 7.5 千米。村庄面积 12.5 平方千米，拥有良好的自然植被，随着退耕还林工程的实施，村域范围内有 6.91 平方千米生态涵养林，占村庄面积的 55.28%。村庄现有居民 210 户、417 人，其中党员 40 人，村中国共产党支部委员会和村民自治委员会（简称“两委”）班子成员 6 人。经过多年的努力，村委领导探索出了“生态旅游 + 创新组织管理分配方式”的新型发展模式，让村民由“卖炭翁”变身为“股东”。炭厂村是上苇甸盆地的重要组成部分，村域内峡谷曲折蜿蜒、河流悠长清澈、山崖险峻、森林茂密，山水资源优越。

（二）生态资源优势

炭厂村因烧炭而得名，明清时期为皇宫御用木炭基地，鼎盛时，村内有几十座炭窑，村民是名副其实的“卖炭翁”。直到 20 世纪五六十年代，山区禁止砍伐树木，烧炭业才逐步退出历史舞台。自此炭厂村开启了产业转型之路，支柱产业经历了由烧炭业到种植业，由种植业到林果业两次转型，由于种植业见效周期长、收益少，前两次转型并不理想。炭厂村根据门头沟区和妙峰山镇的功能定位，实现第三次转型，由发展林果业转型为发展生态旅游业，提出“依靠自然山水资源发展旅游兴村富民”的思路。在市区镇的支持下，2008 年炭厂村开始兴建神泉峡风景区，将发展景区作为壮大集体经济的主要方式。近年来，炭厂村依托神泉峡景区，实施沟域经济项目、险村搬迁工程，逐渐形成了以山水资源为依托的产业路径，村民逐步走上了增收致富的道路，实现了村民脱贫致富，壮大了集体经济。村党组织被评为北京市“五个好”基层党支部，炭厂村获得了市级民俗旅游村、首都文明村、国家 3A 级旅游景区、北京爱国主义教育基地红色旅游景区等荣誉，成为远近闻名的“旅游村”。2019 年，炭厂村经济总收入 1 476 万元，人均劳动所得 18 600 元。同年，北京市委书记蔡奇在炭厂村调研时指出，好生态就是优势资源，要保护好这“一片绿”，将其化为促进农民增收、农村发展的“一桶金”。

炭厂村村貌

二、主要做法

（一）“绿水青山”守护

一盆火变一片绿。一是集合政策优势，调动村民积极守护“绿水青山”。炭厂村以林草局京津风沙源治理、小流域治理等工程为契机，通过植树造林，改善树种，提升河流水质，使得生态涵养林面积不断增加，水环境质量不断向好，生态系统功能整体提升。二是完善惠民强村福利政策，提供务实服务。落实国家的社保政策，为村民提供更多的福利保障，给村中 60 岁以上的老年人每月发放 100 元生活补贴、赠送每位村民 5 份股份、开发村民就业岗位。为了让村民更积极地保护生态涵养林，守护“绿水青山”，聘请村民为生态护林员，既提高了他们的收入，又保护了生态环境。村民既是青山绿水的守护者，又是集体经济的受益者，在充分享受生态红利的同时，提高村民对生态环境的保护意识。

炭厂村村口湿地

（二）“金山银山”转化

背靠“绿水青山”，引来“金山银山”。创新组织管理分配方式，培养新型农民，提高村民收入。炭厂村创新农民生产分配方式，成立炭厂西沟旅游开发中心，从2009年开始实行股份制，将利润以干股形式分配给村民，只要是户籍在本村的村民都持有股份，现有股民383人。在组织管理中，以党支部、村委会作为管理方；在利益分配上，用股份分红代替了原来的平均分配。另外，还开设了售票员、生态管护员等20多个就业岗位。同时，积极培育为民宿旅游接待服务的新型农民，全村已有30个民宿旅游接待户，村党支部聘请专业老师进行接待培训和农家菜品烹饪现场授课，并与农业广播电视学校和社区学院共同研发并推出包含近50种饼的“泉饼宴”。炭厂村就业岗位增加，村民收入也增加了，吸引了很多外出打工的年轻人回村居住和就业。炭厂村党支部在确立发展主业后，不断调研考察，结合神泉峡风景区独特的地势和气候，2016年打造了冰瀑景观，景区门票收入大幅增加。神泉峡风景区牌子立起来了，炭厂村也因此出了名。景区的发展让村民看到了成果，让百姓获得了实惠。

神泉峡风景区冰瀑景观

通过“生态旅游+创新组织管理分配方式”，炭厂村逐渐走出了一条以山水资源为依托的新型生态产业发展道路，成为“绿水青山”向“金山银山”转化发展的典型样本，为其他同类地区的转型发展提供了可借鉴、可复制的经验。

（三）体制机制创新

1. 弘扬红色文化，重视党建引领。20年来炭厂村“两委”班子一起，一门心思让村庄发展起来，让老百姓早日脱贫致富。坚持“绿”字当先，紧紧围绕生态涵养区和妙峰山镇发展全域旅游的功能定位，探索出了符合炭厂村实际的生态富民路。坚持“公”字当先，把会议开到田间地头，让党员群众各抒己见，贴着村民心坎做决策；坚持奉献当先，村“两委”班子利用休息日带头到河南云台山、河北百里峡和天津盘山考察学习生态富民的典型做法，带头加入乡村旅游专业合作社。

神泉峡风景区红石谷

2. 努力编好村庄规划，为村庄发展绘就蓝图。炭厂村在村庄规划编制中，始终坚持生态保护红线不可越的原则，坚持美丽乡村建设和险村搬迁工作“六个不变”。从建筑风格到砖瓦梁柱，都要融入村域自然景观和传统民俗文化特色，并将村庄空间布局、产业发展、生态环境建设等重要元素融入规划中，炭厂村在村规民约中增加了相应条款，更好地维护了村庄规划的落地实施。

3. 落实好集成政策，打好村庄发展组合拳。立足主导产业，集成政策优势服务村庄发展。结合农业综合开发、小流域治理、京津风沙源治理、街坊路等工程项目，提高森林覆盖率，改善居民生活环境。通过政策集成，加快了对村庄各项工作的整体推进，也逐步将神泉峡风景区建设成一个自然生态与历史文化相结合，集游览、健身、文化体验、拓展训练于一体的生态休闲目的地。

三、工作成效

守住生态金饭碗，换来炭厂金山银山。炭厂村在确定全村发展集体经济后，借助北京市的政策集成，结合小流域治理、京津风沙源治理等工程，强化生态涵养林保护；更换树种，提高森林覆盖率，森林生态质量得到整体提升；完成道路硬化 3 500 平方米，修建污水管网，建设污水集中处理设施，建设5座公共厕所，改善了村民生活居住环境。借助农业综合开发，发展农业种植，村内现有 800 亩（1 亩 =666.67 平方米）用于生产果仁的杏基地、100 亩苹果园、70 亩核桃园，还种植有花椒、海棠等。打好污染防治攻坚战，炭厂村大气环境质量持续改善，$PM_{2.5}$ 持续降低，由 2016 年的 46 微克 / 米 ^{3} 下降为 2019 年的 31 微克 / 米 ^{3}。政策集成，资金到位，帮扶效果明显，神泉峡风景区立起来了，配套的设施完善了，生态环境整体变好了，炭厂村的居民当起了股东，2013 年时景区刚刚营业，年终人均分红 20 元，到 2015 年人均分红有 700 元。2016 年结合利用自然优势，打造冰瀑景区，景区收入大幅提升。2017 年景区总收入达 160 万元，并带动了村民农家乐的增收。2019 年炭厂村经济总收入 1 476 万元，人均劳动所得 18 600 元。

四、经验启示

（一）政策集成，增强本地造血功能

门头沟区给炭厂村送来了金点子、好项目，帮助村民建成了生态景区，提升村庄生态环境质量，改善居民居住环境，为村庄留下金山银山。

（二）扶贫与造血相结合，体现一个“扶”字

合理安排扶贫项目和扶贫资金，恢复贫困地区的“造血功能”，才能断掉穷根、开掘富源。回归青山绿水，炭厂村村民重新认识了家乡。不再“等靠要”，家家户户琢磨着借助好形势快快富起来。外出打工的年轻人回来了，“互联网 +”等新概念也随之走进了山村。

（三）一把钥匙开一把锁

炭厂村人说自己的村是穷山沟，但在政府各部门的齐力打磨下，把它变成了城里人最欣赏的原生态景区。每个地区都有独特的资源禀赋，开准药方，标本兼治，才能让贫穷的人们真正地富起来。炭厂村“两委”领导持续探索，不断提高神泉峡风景区的品牌效应，从设立景区到打造冰瀑景观，不断提升景区质量和知名度，为景区实现可持续发展提供了持续动力，走出了一条属于炭厂村的乡村生态振兴、脱贫致富之路，也为国内其他生态环境优势突出的山区乡村提供了一条可复制、可推广的“绿水青山”向“金山银山”转化的路径。

案例二

依托资源优势发展生态旅游 实现富民强村梦

天津市蓟州区穿芳峪镇小穿芳峪村

一、背景情况

小穿芳峪村是天津市蓟州区穿芳峪镇的一个典型半山区村落，距城区 16 千米，全村 82 户、268 人，耕地 295 亩，居民点占地 123.08 亩，其他用地 390.87 亩。这里靠山临水、景色秀丽，古有“三山一水如仙境”之说，享有“北国桃花源”之美誉，是古代文人墨客云集的地方。2013 年以来，小穿芳峪村充分挖掘“乡愁”文化，坚持“高举党建引领旗、走好文旅结合路、打响乡野公园牌、留住故人乡村愁”的发展思路，干群一心，大力发展休闲农业和特色乡村旅游，村庄建设取得突破性进展，从本村人不愿待、外村人不愿来的村庄摇身一变成为美丽如画的旅游名村，村民们端上了生态旅游的“金饭碗”。小穿芳峪村先后被评为全国休闲农业与乡村旅游示范点、天津市级卫生村、全国美丽宜居村庄、中国美丽休闲乡村、全国生态文化村，小穿芳峪村还将乡野公园打造成国家 3A 级旅游景区。2019 年，村集体收入达到 80 万元，村民人均可支配收入达 3.8 万元。

二、主要做法

（一）科学规划守住绿水青山的生态底线

小穿芳峪村立足村庄资源优势，按照“留白、留绿、留璞”的要求，坚持把科学规划放在重要位置，紧密结合“全境域、全景式”旅游名镇总体规划，加快编制并形成乡村旅游发展规划、美丽村庄建设规划等一整套较为完善的规划体系，做到以规划明晰思路、指导开发、引领发展，实现保护与发展并重。

乡野公园规划图

1. 明晰发展思路，科学编制规划。依托小穿芳峪村“前有生态林，后有古遗址，西有卧牛山，东有望牛岭”的自然资源优势和浓厚的文化底蕴，顺应市场需求，发展乡村旅游。为避免盲目投资、重复建设，委托专业设计公司编制了《美丽村庄建设规划》和《乡村旅游发展规划》，明确了打造园林式生态旅游特色村的发展定位，采用“集体管理、抱团发展、集团化组合”的运营模式，建设以青砖、灰瓦、四合院为代表的北方民居特色旅游专业村。

2. 完善基础设施，建设美丽乡村。按照村庄统一规划，小穿芳峪村着力改善村庄基础设施，开发旅游项目，努力打造以生态环境优美、乡村风情浓郁、百姓安居乐业为主基调的美丽乡村。建设道路、饮水、通信网络等基础工程，安装新能源路灯，对道路两侧住宅和院墙统一修整、粉刷，全面绿化美化；完成景观河改造工程，新建党员活动中心和旅游服务中心，建设污水处理池，相继建成乡野公园、乡野小屋、休闲公园、花卉种植园、农耕体验园、邵窝文化体验区等旅游增收项目，乡村越来越美丽，基础设施越来越完善，以全景式乡野公园为主题的旅游发展规划基本成型。

3. 坚持生态优先，发展绿色经济。牢固树立“绿水青山就是金山银山”理念，聚焦绿色发展，坚持守住生态底线，小穿芳峪村将水源地保护、水土流失防护、植被覆盖与村庄发展相结合，成功打造生态绿色名片。一是建设了占地 190 亩的生态景观林，种植白蜡、国槐、金叶榆等，改善生态环境，增加了农民收入；二是创新实施“邵窝”护坡工程，对早年烧砖取土的废弃地进行护砌，种植蔬菜和树木，达到治理水土流失和绿化环境的双重效果，在此基础上，建成风格迥异的 72 孔窑洞，形成一大旅游亮点；三是投资 120 余万元，建设占地 30 亩的生态停车场，场内种植国槐、白蜡、景观造型树等，绿化率达 33%，增设风力发电和雨水收集系统，所有路灯采用新能源，雨水通过收集系统，循环利用，灌溉地表绿化苗木，既节约了资源，又保护了生态环境。

邵窝护坡

生态停车场

（二）文旅融合打造富民强村的金山银山

小穿芳峪村着力挖掘农耕文化、传统文化和民俗文化的内涵，坚持把保护、传承与开发利用有机结合，培植壮大村庄文化产业，坚持把社会主义核心价值观融入村庄经济社会发展。

1. 实施乡村记忆工程。小穿芳峪村打造文化乡村，培养文明乡风，成功举办了三届“小穿论坛”，探索乡村优秀传统文化传承与产业开发新模式；充分挖掘文化遗存，加大村史、党史搜集编纂力度，整合出版了《穿芳寻梦》《小穿芳峪艺文汇编》《小穿芳史话》《穿芳风物》《穿芳峪园林古建的记述》等，筹建村史馆、党史馆；挖掘农耕文化，打造农耕文化体验园、农耕文化展览馆；传承民俗文化，以穿芳老街为依托，恢复打造泥塑、酿酒、石磨豆腐等一批传统手工业态；利用街心公园、转角公园、文明桥、文化墙，弘扬传统文化，促进传统文化与现代文明融合，丰富乡村休闲旅游文化内涵。

2. 丰富乡野公园旅游内涵。小穿芳峪村依托山水资源，提升乡野公园 3A 景区功能，景区从 2014 年建设之初的 295 亩扩大到现在的 600 亩，规划建设了 11 座乡野小屋和云杉餐厅，实现吃住分离；建设污水处理、雨水收集系统，形成人工湖；打造夏季漂流、冬季雪乡等休闲旅游项目；运营梨坞书吧、咖啡吧、茶吧、歌吧文化项目；挖掘婚庆民俗，建设的立子缘树屋可举办室内外中西融合的婚礼。目前，乡野公园已成为集园林风光、农耕休闲、邵窝安居、特色农家等为一体的综合旅游项目，年可接待游客6万多人次，年收入达40万余元。

3. 深入挖掘历史文化资源。积极寻找村庄历史文化与乡村旅游的最佳结合点，建立了一批特色精品旅游项目：挖掘千年古树“唐槐”的文化价值，规范“唐槐”旅游景点；挖掘明清隐逸文化资源，恢复“响泉园”“龙泉园”“问源草堂”等6处穿芳园林，实现“处处有历史、步步有文化”，使历史上的“北国桃花源”再现小穿芳峪村。

目前，小穿芳峪村旅游已形成节庆活动、专项旅游与乡村民宿良性互动的发展格局，全村70%的村民都从事旅游业，仅旅游业一项，村民平均每年可收入4.5万元，乡村旅游为乡村经济插上了腾飞的翅膀。

（三）党建引领实现自我管理的“三治融合”

小穿芳峪村始终坚持把加强基层组织建设作为乡村振兴的关键，按照“围绕发展抓党建，抓好党建促发展”的工作理念，不断强化组织体系、制度体系、治理体系建设，切实把基层党组织的政治、组织优势转化为推动党员群众创业致富、推动乡村振兴的发展优势，将党建活力转化为增收动力，形成了以党建引领生态、文化、治理、服务和产业的“1+5”总体发展思路，探索出一条小穿经验——基层党建领航乡村振兴。

将组织嵌入产业链。全面推行“集体＋合作社＋农户”和“集体＋公司＋农户”模式。成立由村集体领办的“响泉园种植专业合作社”，群众以土地入股，流转土地190亩，建成速生白蜡苗圃园，当年取得人均增收4 200元、集体增收11万多元的突破。成立井田庐旅游服务公司，统一开发管理全村旅游资源，壮大村集体经济，带领农民增收致富。目前，旅游公司经营11个乡野小屋、4个精品窑洞和餐饮服务中心等，运转良好。2019 年，共接待游客 3.4 万人次，村集体实现旅游综合收入 50 万元。二是村庄管理实现党的组织全覆盖。党支部书记和村委会主任兼任集体经济组织、合作组织负责人，在种植业合作社、旅游公司、志愿者服务队、红白理事会等社会化服务组织中建立党小组，全面落实村级各类组织负责人向党组织述职制度，确保党支部对村级各类组织和各项事业的全面领导。三是完善工作制度，规范干部行为。建立健全村“两委”每天召开碰头会、每周召开联席会、每月召开党员大会和村民代表会的会议制度，创新实施“综合治理系统 + 网格员”联防联控体系，健全完善户代表微信群、党员入户走访、村民大会等制度。四是进行严格的党员管理，实行党员积分制。把党员参加政治学习日、支部主题党日活动，开展志愿服务以及党员遵纪守法、团结互助、带头示范等情况纳入综合考评积分体系，最大限度发挥党员的先锋模范作用。通过“自我管理 + 民主监督”，村“两委”班子真正成为群众的主心骨和领头雁，得到了群众的认可和好评，村内干事创业氛围浓厚。

党群服务中心

三、工作成效

经过近7年的发展，小穿芳峪村从穷乡僻壤变成富庶之地，发展活力与日俱增。一是集体经济不断壮大。2019年，村集体通过合作社创收30万元，乡村旅游综合收入50万元，集体收入突破80万元。二是村民腰包鼓了起来。村民每年至少有3笔固定收入——土地保值增值款、合作社入股分红、旅游公司盈利分红。此外，在村合作社和旅游公司工作的村民能够获得工资收入，建成农家院出租给旅游公司的农户还可获得一笔租金，一年下来至少收入6万元左右。三是村庄环境更加优美。如今的小穿峪村，环境优美、设施完善，村内平坦的道路、古朴的木桥、古色古香的农家小院、曲径通幽的乡野公园，构成一幅北国桃源风光图！小穿芳峪村先后被评为全国美丽宜居村庄、中国美丽休闲乡村。四是领导班子凝聚力得到增强。村“两委”班子不断加强自身建设，积极完善村级治理机制，充分发挥党员先锋模范作用，心系群众，扎实干事，为民服务水平不断提高，带领群众实现了脱贫致富，得到了群众的认可，村“两委”班子在群众中的威信越来越高，凝聚力得到了增强。

四、经验启示

（一）抓实支部、选人用人是保障

“村看村，户看户，群众看支部，支部看支书”。选好人、用好人，充分发挥党支部和支部书记“领头雁”作用，是小穿芳峪村组织工作的一大特点。支部书记示范引领，“两委”班子凝心聚力，党员群众同心同德，抱团发展，才能走出小穿芳峪村的振兴之路。

（二）明晰思路、规划设计是前提

思路决定出路、规划决定未来。小穿芳峪村立足村情实际，深挖文化底蕴和自然资源优势，摒弃乡村旅游低层次、低水平的传统发展模式，确定了打造高水平乡村旅游的发展定位。同时，立足生态保护，着眼长远，编制《美丽村庄建设规划》和《乡村旅游发展规划》，取得了很好效果。

（三）集体经营、统一管理是基础

以集体经济为抓手，以农民长期得实惠为导向，努力探索农村基层党组织凝聚民心、引领发展的好路子。小穿芳峪村通过整合资源，建立“集体 + 合作社 + 农户”“集体 + 公司 + 农户”模式，采取集体统一经营管理、专业化运营的方式，实现了抱团发展，既壮大了集体经济，又使村民变成了股民，增加了收入，也加快了乡村旅游产业化进程。

（四）因地制宜、创新发展是出路

发展乡村旅游要避免千篇一律，村庄特色是乡村旅游吸引游客的关键，更是乡村旅游经济的生命所在。为了相互促进、相互补充，形成“一村一品”的差异化发展格局，小穿芳峪村在选择乡村旅游发展路径时，没有因为村容村貌较差、集体实力不足而全盘否定自己、走同质化发展的老路子，而是坚持文化自信、生态自信，传承自身发展脉络和自然哲理，充分挖掘历史文化内涵，使文化、生态、旅游相互融合，依靠自身独特的“原始符号”和“记忆片段”找准旅游市场，实现了高质量发展。

案例三

牢记使命　艰苦创业　绿色发展

——三代塞罕坝人接力打造生态文明建设范例

河北省承德市满族蒙古族自治县塞罕坝机械林场

一、背景情况

塞罕坝位于河北省最北部，历史上曾是清王朝木兰围场的一部分，同治年间开围放垦，致使千里松林几乎荡然无存，到新中国成立初期，已经成为一片风沙肆虐的荒山秃岭。面对“风沙紧逼北京城”的严峻形势，1962 年，林业部在此建立了塞罕坝机械林场。经过半个多世纪的接力奋斗，三代塞罕坝人在这片风大寒冷、人迹罕至的塞外高原上成功营造出总面积 112 万亩、森林覆盖率达到 80% 的世界上最大的人工林海，重新修复了森林、草甸、湿地相结合的生态系统，有效地阻滞了内蒙古浑善达克沙地南侵。塞罕坝地处贫困山区，脆弱的生态环境和区域性贫困在地理空间上高度耦合，为处理好经济发展与环境保护的关系，近几年林场大幅压缩木材采伐限额，通过严格管护、科学营林，确保森林资源安全，释放了最大生态红利；林场还追加了自筹资金，采用先进技术在荒山沙地、贫瘠山地开展攻坚造林，增加资源储备。同时林场通过合理布局，依托森林公园有序有节地发展森林旅游观光业；建设 8 万亩多品种、多梯度苗木基地，发展绿化苗木产业；

发展造林碳汇项目和森林经营碳汇项目，并于2018年达成了首笔造林碳汇交易。通过发展这些绿色产业项目，使这片林海逐步成为林场生产发展、职工生活改善、周边群众脱贫致富的“绿色银行”。

2017年8月，习近平总书记对塞罕坝林场建设者的感人事迹作出重要指示，称赞塞罕坝林场是推进生态文明建设的一个生动范例。2017年12月，联合国环境规划署授予塞罕坝机械林场环保最高荣誉——地球卫士奖。

二、主要做法

（一）艰苦创业，还清历史欠账

1961年，林业部决定在河北北部建立大型机械林场，经过实地探察，选址于塞罕坝。1962年，塞罕坝机械林场正式组建，来自全国18个省（区、市）的127名大中专毕业生，与当地干部职工一起组成了一支369人的创业队伍，拉开了塞罕坝造林绿化的历史帷幕。

林场第一任领导班子成员

建场初期，塞罕坝气候恶劣，沙化严重，缺食少房，偏远闭塞。极端最低气温达零下 43.3 ℃，年均积雪时间长达 7 个月。塞罕坝人坚持“先治坡、后治窝，先生产、后生活”，吃黑莜面、喝冰雪水、住马架子、睡地窨子，顶风冒雪，垦荒植树。因缺乏在高寒地区造林的成功经验，1962 年、1963 年连续两年造林成活率不到 8%。接踵而来的造林失败使年轻的塞罕坝林场如同当时全国几十个一起上马的林场一样，面临解散“下马”的困境。关键时刻，时任党委书记王尚海、场长刘文仕、副场长张启恩和王福明等领导，不约而同地把家从北京、承德搬到了塞罕坝，破釜沉舟，背水一战。创业者们经过反复试验，改进了育苗方法，并摸索出了培育“大胡子、矮胖子”优质壮苗的技术要领，彻底解决了苗木供应问题。在此期间，通过不断研究实践，改进了苏制植树机和克罗索夫植苗锹，创造了“三锹半”植苗技术，大大提高了植苗速度。1964 年，春季造林的号角再次吹响，创业者们在一个三面环山的叫作马蹄坑的地方，开展了一场至今都令人激动不已的造林大会战。奋战三个昼夜，516 亩幼苗根植地下，造林成活率高达 95%，“下马风”销声匿迹。塞罕坝的造林事业从此驶入快车道，造林季节也由每年的春季发展到春秋两季，最多时一年造林达 8 万亩。创业之路充满坎坷，1977 年，林场遭遇了严重的“雨凇”灾害，20 万亩林木一夜之间被压弯、压折，十多年的劳动成果损失过半；1980 年，林场又遭遇了百年难遇的大旱，又有 12 万多亩林木旱死。连番的天灾没有把塞罕坝人击垮，大家含着眼泪清理完受害林木，重整旗鼓，再一次将希望的树苗栽到了荒原之上。“咬定青山不放松，立根原在破岩中。千磨万击还坚劲，任尔东西南北风。”凭着顽强的毅力、遇挫弥坚的精神，从 1962—1982 年建场的前 20 年，塞罕坝人在这片沙地荒原上共造林 96 万亩，总计 3.2 亿余株，使“美丽高岭”重现生机。

塞罕坝林海与浑善达克沙地交会处

（二）牢记使命，一代接着一代干

2014 年早春，在习近平总书记亲自谋划和推动下，京津冀协同发展上升为国家战略。《京津冀协同发展规划纲要》将承德列为京津冀西北部生态涵养功能区。京津冀协同发展战略进一步明确了塞罕坝所在区域的生态地位。不能逾越生态红线，全力提高生态服务功能，保障京津冀生态安全。这是国家顶层设计对张承地区提出的功能定位，也是新时期塞罕坝人必须扛起的政治责任。塞罕坝人牢记习近平总书记的殷殷嘱托，植树造林敢攻坚，改革发展不停步。为了使塞罕坝这座“绿色银行”青山常青，荫泽后代，近几年来，林场在建场以后多次造林难以成活和从未涉足的荒山沙地、贫瘠山地等“硬骨头”地块实施了攻坚造林工程。 在这些坡度大、石块多、土壤贫瘠、沙化严重的地块造林难度极大，为了提高成活率，林场不断总结经验，改进造林技术，采取客土、浇水、覆土防风、覆膜保水等超常规举措，整坡推进，见空植绿，造林成活率和保存率分别达到 98.9% 和 92.2% 的历史最高值，实现了“造一片，活一片，成林一片”的既定目标。攻坚造林难度大、投入高，每亩地投资达到了 1 300 多元，而国家项目投入只有 300 ～ 400 元，为了确保成活率，林场勒紧腰带，每亩投入自筹资金 1 000 余元。截至 2019 年，林场完成了全部 10 万亩攻坚造林工程，幼树成林后，全场森林覆盖率将由 80% 提高到 86% 的饱和值。

（三）严守红线，推进绿色产业发展

“吃祖宗饭，断子孙路不是能耐，能够还祖宗账，留子孙粮才是本事”，塞罕坝机械林场职工中流传甚广的这句话，道出了塞罕坝生态文明建设的大道理。林场严守生态红线的同时，不断加快产业结构调整，培育林业产业新的经济增长点，打造科学发展新引擎，推动绿色经济崛起。木材生产曾经是塞罕坝林场的支柱产业，其收入一度占总收入的 90% 以上。近年来，林场大幅压缩木材采伐量，木材产品收入占总收入的比例持续下降，最近这五年已降至 40% 以下。今天的塞罕坝，绿水青山已带来真金白银，绿色发展之路越走越宽。

游人如织的塞罕坝国家森林公园

塞罕坝四季皆有美景，是华北地区知名的森林生态旅游胜地。塞罕坝林场在保证生态安全的前提下，适度开发以森林观光游为主的旅游，基本形成“吃、住、行、游、购、娱”旅游配套产业链。塞罕坝人把最擅长的育苗做为产业经营，几年时间，建设了 8 万多亩绿化苗

木基地，培育了云杉、樟子松、油松、落叶松等优质绿化苗木。1 800余万株多品种、多规格的苗木，销往京津冀、内蒙古、甘肃、辽宁等全国十几个省（自治区、直辖市）。2015 年，林场启动开发森林管理碳汇项目，2016 年 8 月，塞罕坝林业碳汇项目首批国家核证自愿减排量 (CCER) 获得国家发改委签发，成为华北地区首个在国家发改委注册成功并签发的林业碳汇项目，也是迄今为止全国签发碳减排量最大的林业碳汇自愿减排项目。塞罕坝首批森林碳汇项目计入期为 30 年，其间预计产生净碳汇量 470 多万吨。据碳交易市场行情和价格走势估计，如果造林碳汇和森林经营碳汇项目全部实现交易，保守估计可带来超亿元的收入。2018 年达成首笔造林碳汇交易 3.6 万吨，标志着塞罕坝的碳汇产业迈出实质性一步。

三、工作成效

（一）巨大的生态效益

据中国林业科学研究院评估，塞罕坝的森林生态系统每年提供着超过 142 亿元的生态服务价值，服务着京津，造福着地方，被誉为“华北的绿宝石”。其生态服务功能：一是阻沙涵水。塞罕坝百万亩林海筑起了一道牢固的绿色屏障，有效阻滞了浑善达克沙地南侵，每年为滦河、辽河下游地区涵养水源、净化淡水 2.38 亿立方米。原中共中央政治局常委宋平来场视察时，赞誉塞罕坝为“水源卫士，风沙屏障”。二是净化空气。塞罕坝的森林每年可固定二氧化碳 81.41 万吨，释放氧气 57.06 万吨，释放萜烯类物质约 1.05 万吨，空气负离子最大含量是北京市市区最大含量的 112 倍，平均含量是北京市区平均含量的 6 倍。三是调节气候。与建场初期相比，塞罕坝及周边区域小气候得到有效改善，无霜期由 52 天增加至 64 天，年均大风天数由 83 天减少到 53 天，年均降水量由不足 410 毫米增加到 460 毫米。通过实地测量数据与周边地区数据的对比发现，林区内的空气平均湿度比林区外无林地高出约 50%。四是拱卫生态。塞罕坝良好的生态环境和丰富的物种资源，使其成为珍贵、天然的动植物物种基因库，有陆生野生脊椎动物261种、鱼类32种、昆虫660种、大型真菌179种、植物625种。其中有国家重点保护动物47种、国家重点保护植物9种。五是旅游休闲。优美的风光、良好的生态、凉爽的气候，为人们提供了休闲度假与亲近自然的场所，是华北地区著名的森林生态旅游胜地。

（二）突出的社会效益

随着塞罕坝绿色事业蒸蒸日上，其社会影响力也越来越大，这主要体现在以下几个方面。一是弘扬时代精神。从“全国国有林场建设标兵”到“全国绿化先进集体”；从“时代楷模”到2017年《感动中国》致敬团体；从“河北省生态文明建设范例”到联合国在环境方面极具分量的荣誉“地球卫士奖”……塞罕坝的绿色故事已经从中国走向世界，塞罕坝精神更是超越了地域和行业界限，成为全国林业系统干部职工的共同理想追求和全人类的宝贵精神财富。二是助推区域发展。塞罕坝机械林场累计上缴利税近亿元，以产业发展创造了大量就业岗位，带动了周边地区乡村游、农家乐、养殖业、山野特产、手工艺品、交通运输等外围产业的发展，每年可实现社会总收入6亿多元。三是示范推广作用。1998年，原全国人大常委会副委员长邹家华在塞罕坝考察后，作出在张家口、承德两市“再造三个塞罕坝林场”的重要指示。1999年国家发展改革委批复了河北省“再造三个塞罕坝林场”工程，塞北林场、千松坝林场、御道口林场建设同时启动，构筑起了更为牢固的京津冀生态防护林体系。林场的生态建设成就引起了国内外的广泛关注，在生态文明教育及国内外林业行业的交流与合作等方面发挥了积极作用。

（三）显著的经济效益

塞罕坝机械林场林地面积由建场前的24万亩增加到112万亩，增长了近4倍；林木总蓄积由建场前的33万立方米增加到1 012万立方米，增长了近30倍，累计为国家提供中小径级木材192万立方米。现在已经形成了木材、绿化苗木、生态旅游、碳汇等多产业齐头并进的良性循环发展环境，这片“绿水青山”已经成为真正的“金山银山”。

四、经验启示

（一）生态文明建设离不开党的领导

视觉上的塞罕坝是绿色的，精神上的塞罕坝是红色的，塞罕坝机械林场的生态变迁，是在党的领导下充分发挥社会主义制度优越性的伟大实践，是干部群众听从党的召唤、响应国家号召接续奋斗结出的甜美果实。20世纪60年代初，在国家空前困难时期，为改变当地自然面貌，保持水土，减轻京津地带风沙危害，林业部决定在塞罕坝建立直属的大型国营林场。如此高瞻远瞩、遗泽后世的决策，彰显了党和国家在维护生态安全上的远见卓识。原林业部为塞罕坝林场配备了高规格、精干的创业队伍，这在中国林业的建设史上是绝无仅有的。这种人力、物力、财力的高层次的资源整合和向心力整合，只有在共产党领导下的社会主义国家才能做到，显示了社会主义国家集中力量办大事的优越性。建场之初造林失败，刮起了“下马风”，在塞罕坝造林事业生死存亡关头，力挽狂澜的是我们的党组织，维系三代塞罕坝人“一张蓝图绘到底”的纽带不是血缘关系，而是稳定坚实的基层党组织。

（二）生态文明建设要有“功成不必在我”的使命担当

生态文明建设是攻坚战也是持久战，必须久久为功，一茬接着一茬干。久久为功就要做到“功成不必在我”。林业周期长、见效慢，10年树木，而高寒地区的树木不止10年，像落叶松、人工林要达到成熟的状态至少需要40年。“前人栽树，后人乘凉”，选择了林业就是选择了奉献，就是选择了清贫。塞罕坝林场之所以成功，塞罕坝人的精神之所以可贵，很重要的一个原因，就是他们不急一时之功、不计一己之利，为了长远发展默默付出、无怨无悔。几代塞罕坝人把个人理想与林业事业、个人选择与国家需要、个人追求与人民利益紧密结合起来，始终以造林绿化为崇高使命，坚持“先治坡、后治窝，先生产、后生活”，“献了青春献终身，献了终身献子孙”。陈锐军、初景梅夫妇常年坚守“夫妻望火楼”守护森林，由于远离人群，缺乏交流，儿子长到8岁时说话还不清楚。第一任技术副场长张启恩，是原林业部造林司的工程师，当领导点将派他来塞罕坝的时候，他没有犹豫，和爱人一道，放弃北京优越的生活条件，带着3个孩子举家迁到塞罕坝。营林区主任邓宝珠，爱树像爱自己的子女一样，他怕一次造林不成活，就在造林的同时直接造上备补苗，让备补苗和造林苗同步生长，发现哪有空缺了就及时将备补苗移过去。正是因为有“功成不必在我”的使命担当，塞罕坝生态建设才能“一张蓝图绘到底”。

（三）宁可不要金山银山，也要绿水青山

习近平总书记多次强调：“在生态环境保护上，一定要树立大局观、长远观、整体观，不能因小失大、顾此失彼、寅吃卯粮、急功近利。”塞罕坝的生态修复之路是艰辛的、缓慢的，塞罕坝虽然恢复生机，但仍然非常脆弱。林中、山间到处都是“豆包地”的地质结构，上面是花草树木，下面是薄薄一层黑土，黑土之下，就是山石或黄沙。走在一些植被覆盖的沙丘之上，一不小心就可能毁绿起沙，生态就会恶化。塞罕坝人像保护眼睛一样保护生态环境，像对待生命一样对待生态环境，坚持把绿色作为发展底色，把生态环境保护放在更加突出的位置。经科学评估，塞罕坝旅游核定接待量为100万人次，但塞罕坝人却坚持严格控制入园人数、控制入园时间、控制开发区域、控制占林面积。面对林区人民对富裕生活的向往，塞罕坝人也想要金山银山，但他们更知道，生态环境没有替代品，用之不觉，失之难存，哪怕赚钱少一点，发展慢一点，也应该算大账、算长远账、算整体账、算综合账。发展绝不能急功近利，要有持之以恒的“历史的耐心”，要坚持把绿色作为发展的底色。

如今的万顷林海

案例四

“幸福花”在希望的田野上盛开

河北省承德市围场满族蒙古族自治县城子镇八顷村

一、背景情况

（一）简要概况

围场满族蒙古族自治县八顷村属于接坝地区，位于蒙古高原与燕山余脉的交会处，是京津等地重要水源地与自然生态安全保障区，全村总面积 29 165 亩，其中林地 21 450 亩。村民的日常生计和收入都依赖当地的生物多样性资源，这加剧了生物多样性的丧失和资源环境破坏，尤其是野生金莲花资源急剧减少，这使金莲花人工种植项目势在必行。金莲花自古就被誉为“塞外龙井”，民间素有“宁品三朵花，不饮二两茶”之说，金莲花冲泡后花朵绽放，赏心悦目，花朵在杯中摇曳，茶水清澈明亮，汤色浅黄，有淡淡的香味，令人心旷神怡。

八顷村金莲花开

（二）生态资源优势

八顷村的地理条件和气候特点非常适宜金莲花的生长及栽培，是其理想的种植地域。近年来，经过当地干部群众的持续努力，脱贫攻坚取得了显著成效。2019 年年底实现整村脱贫出列，贫困人口由 186 户 448 人减少到 3 户 4 人，贫困发生率由 39% 降至 0.34%。2019 年 2 月，八顷村被生态环境部确定为生态环保扶贫示范村。

八顷村采摘金莲花

二、主要做法

八顷村紧紧围绕脱贫摘帽目标，突出“绿色扶贫”理念，把党的建设和脱贫攻坚有机结合，以生态产业发展助推脱贫攻坚工作。

（一）坚持生态优先，精选幸福花

金莲花别名旱金莲、金草莓，具有药用价值、保健价值、观赏价值、生态价值、经济价值，是著名的植物性稀缺药材，市场收购价格高，发展前景广阔。在金莲花人工栽培项目初始阶段，金莲花能不能人工栽培、能不能成活、能不能销售出去，都是村民担心的问题，谁也不敢试种。在这种情况下，经驻村工作组与村“两委”研究，采取流转村民闲置土地由村集体种植的方式，既有效规避种植风险，还给村民带来一定经济效益。驻村干部与村干部挨家挨户苦口婆心地做土地流转工作，并当场承诺年底给贫困户分红，村民还可以到金莲花基地务工挣工资，最终将60亩土地全部用于金莲花种植。受益后村民们的脸上都乐开了花，纷纷赞颂真是不敢相信还有这样的好政策。

八顷村加工厂烘干金莲花

（二）朵朵金莲花，绽放致富梦

为了更好地对八顷村生物多样性减贫与金莲花种植保护项目进行管理，在河北省广播电视局驻村工作组和村“两委”的积极协调下，2017年成立了承德八顷村农业开发有限公司，村集体企业的成立为金莲花产业化发展提供了保障。2017年4月，八顷村从围场县天原药业以每株0.7元的价格引进了金莲花新品种“中华1号”种苗16.8万株，该品种属优良品种，每穴可开花180～220朵，每株的第一枝花直径均在8厘米左右，盛花期干花亩产量能达到30公斤，药用成分提高了 25%，花期延长至 5 个月左右，金莲花可连续 5 年采花。经检测，花中黄酮含量比理论值 12% 高出 4.97 个百分点，达到了 16.97%，花的药用价值远远超过了引种原产地品种。经过整地、栽苗、喷药、浇水……昔日的八顷人化身成为如今的“养花工匠”。每年 7 月采花期，只见一片花海里一个个摘花人的身影，晚上烘干机上一层一层的金莲花，在马达声中变成了“金”花。2018 年金莲花喜获丰收，每公斤干花能卖 100 元，简单加工成茶花每公斤 120 元以上。盛花期干花亩产量达 20 多公斤，药用成分提高了 25%。2018 年、2019 年实现销售收入 30 多万元，带动 30 户贫困户 79 人增收，实现了“一次性投入持续性增收”的目标，形成村民稳定增收的长效机制。

游客在金莲花基地摄影打卡

如今走进八顷村金莲花基地摄影打卡地，就如同进入了花的海洋，遍地的金莲花在青山绿水间摇曳多姿，徜徉在金色花海，令人心旷神怡。这一朵朵金黄的花朵，凝聚着八顷村干部群众在绿色产业发展道路上挥洒的汗水，承载着八顷人的致富梦。

（三）生态扶贫赋能，拓宽致富路

八顷村以示范村建设为契机，积极争取帮扶资金，用于发展壮大绿色生态产业。生态环境部南京环境科学研究所研究人员多次到该村察看土壤条件，寻找合适的种植项目，最后确定种植菊芋。菊芋具有抗逆性强、再生性极强、无病虫害等优点，尤其是对土壤要求不高，一些不宜种植其他作物的土地都可生长，此外，菊芋的根系无须深植，对地下水层没有破坏，可以牢牢锁住地表水资源。生态环境部南京环境科学研究所的研究人员调研时说道："要想生态的可持续性得到保护，就要种植既能发挥生态效益同时又能兼顾经济效益的植物。"2019年八顷村发展种植菊芋30亩，实现销售收入10多万元，带动10户贫困户增收。

2019年8月13日，生态环保扶贫示范村建设现场推进会在该村召开,生态环境部邹首民司长对八顷村生物多样性保护与减贫项目——金莲花、玫珑瓜、菊芋等绿色产业给予了充分肯定和高度评价。

生态环保扶贫示范村建设现场推进会在八顷村召开

三、工作成效

（一）多措并举，拓宽产业路径

八顷村利用东西部协作优势，先后发展建设了占地420多亩的有机富硒马铃薯种植基地，连续3年种植有机马铃薯、高端黑美人马铃薯等60多亩。建设82千瓦分布式光伏电站，实现当年建成并网发电，平均日发电275度，年收入约7万元，一年投资多年受益，增加了集体经济收入和贫困户收入。2019年重阳节专门为65周岁老人发放老年补贴5万元。驻村工作队与村“两委”积极利用社会资源，多方联系找销路，奔波于各大超市、市场、农产品展销会，不错过每一次销售机会；并积极对接爱心（社会）企业消费扶贫，拓展销售渠道，2019年仅玫珑瓜就实现销售收入36万元，村民和集体收入实现双丰收。

驻村第一书记运输玫珑瓜

（二）因地制宜，创新扶贫机制

八顷村结合实际情况制定“一村一品”发展战略，着力发展生物多样性保护与减贫项目，形成了生态环保与脱贫攻坚同频共振、协同推进的局面。一是利用当地优势，盘活生态资源。发展绿色产业，保持生态环境与经济发展平衡，带动当地贫困群众脱贫致富，减少村民对当地生物资源的依赖和破坏，还为贫困户提供增收渠道，实现了资源变资产、资金变股金、农户变股东的“三变模式”，让贫困群众成为生态产业链的受益者。二是吸纳没有自主创业能力的贫困户进入公司或专业合作社打工，根据其自身能力安排一些力所能及的工作，实现了一人就业、全家稳定脱贫。三是对于完全丧失劳动能力的贫困户，采取“政策兜底＋入股帮扶”方式，在解决温饱、告别贫困的同时与其他群众一道稳步迈入小康，实现产业脱贫到户到人，形成了“户户有增收项目、人人有脱贫门路”的脱贫格局。

驻村干部为老年人送老年补贴

（三）坚守底线，做足绿色文章

坚守生态红线，坚持发展生产不以牺牲生态环境为代价，引导群众发扬“塞罕坝精神”。一是为全村 2 150 亩草场、2 万多亩林地制定保护、建设规划和措施，生态护林员常年对草场、林地进行生态管护，森林覆盖率达 90%。二是为了美化绿化村居环境，在道路两侧栽种观赏性垂柳 2 500 棵、花树 30 丛墩，房前屋后村民自发栽种花草上万株，绿化美化面积达 100 多亩，进一步提升村民幸福感。三是推动金莲花、菊芋、富硒马铃薯等有机农产品认证和生物多样性保护与减贫示范，提升了生态系统涵养功能和绿色环保产品供给能力，八顷村马铃薯还取得了绿色有机认证。

八顷村举办第四届农民运动会

四、经验启示

八顷村始终把抓绿色生态产业发展作为贫困群众脱贫的基础，努力打造致富之路。河北省广播电视局驻村工作组与村“两委”依托生态扶贫优势，结合当地地理条件和自然优势，连片开发种植金莲花，在八顷村形成了金色产业链，在村民尝到“金花”甜头的同时，又投资 306 万元建设 207 个冷棚，引进种植海南玫珑瓜，当年实现村民务工收入 70 多万元，在希望的田野上打造出了幸福甜蜜的事业。“幸福花”“甜蜜瓜”引领八顷人走向致富道路，带动了八顷村的经济持续稳步发展。

八顷村通过大力发展绿色产业，带动广大村民特别是贫困户、低收入户参与产业发展，让村民收获了绿色福利和效益。同时，贫困群众的内生动力明显增强，生态文明意识明显增强，村民的生活品质明显提高，为贫困地区和欠发达地区提供了有益参考。

案例五

打好“红、绿”牌
践行“绿水青山就是金山银山”理论
建设美丽和谐新农村

河北省邢台市邢台县浆水镇前南峪村

太行生态第一村——前南峪村美景

“环境就是民生，青山就是美丽，蓝天也是幸福。”“保护生态环境就是保护生产力，改善生态环境就是发展生产力。”这是习近平总书记关于生态文明建设的重要论述。2005 年 8 月 15 日他在浙江余村考察调研时提出了“绿水青山就是金山银山”的发展理念，鼓励当地变靠山吃山为养山富山，实现经济与生态保护同步发展。在同一时期，河北省邢台市邢台县浆水镇前南峪村在党委带领下，自力更生、艰苦奋斗，走出了一条生态文明建设新道路，绿化家园、发展绿色产业、建设美丽乡村，取得了良好的生态效益、经济效益和社会效益。

前南峪村鸟瞰图

一、背景情况

（一）简要概况

前南峪村位于距河北省邢台市西部 60 千米的太行深山区，是中国人民抗日军政大学（简称抗大）旧址。全村 461 户，1 456 人，党员 104 人，耕地 746 亩，宜林山场 8 300 亩。人均 6 分田、7 亩山。从 20 世纪 60 年代开始，前南峪村党委班子带领群众治山、治水、治穷、致富，逐步走出了一条生态持续改善、经济持续发展的道路。过去，前南峪村穷在山高石头多，改革开放 40 多年来，坚持走科技兴山、生态富民之路，现在富在山绿林漫坡，村内建起一个以板栗为主，干鲜果树多达 32.64 万株的果品生产基地，林木覆盖率达 94.6%，被林业、生态专家誉为“太行山最绿的地方”“太行生态第一村”“中国绿色村庄”。

（二）生态资源优势

依托良好生态环境，前南峪村被原国家林业局确定为“全国生态文化村”和“全国造林绿化千佳村”，荣获联合国环境保护“全球五百佳”提名奖。同时南前峪村还建成了诸多教育培训基地，被中国农业大学确定为研究生培训基地，被省生态环境厅确定为河北省环境教育保护基地，被省委组织部确定为河北省农村党员干部培训教育基地等。

二、主要做法

（一）优化生态环境

以前的前南峪村是个“光山秃岭和尚头，洪水下山遍地流，沿川冲走河滩地，十年九旱望天收”的穷山村。1963 年特大洪水给村里造成了严重的破坏。但前南峪村坚持一张蓝图绘到底，治理荒山不放松，科学制定了 20 年治理规划。多年来，广大干部群众坚持不懈、义无反顾地投身于治山治水、造林绿化、综合治理的建设中。在坚硬的岩石上凿出 6 万多个大坑种树，整修 1 480 亩水平壕，共开挖了 740 万立方米的土石方。8 300 亩荒山全部实现绿化，种植了 2 800 亩生态林，5 500 亩经济林，森林覆盖率达 90.7%，水土侵蚀模数由过去的 700 ～ 950 吨 /（千米 ^{2} · 年）降低到 150 ～ 200 吨 /（千米 ^{2} · 年），经专家测定，空气中负氧离子含量达每立方厘米 48 000 多个，年降雨量由原来 300 毫米提高到现在 550 毫米，每年释放氧气 50 多万吨，成为天然氧吧，蓝天、青山、绿树、碧水交相辉映，成就了绿色前南峪的美誉。

高科技示范园区

（二）形成立体开发模式

党的十一届三中全会后，前南峪村按照生态、经济、社会三大效益并重的原则，率先在太行山区实施了生态经济沟治理。修果林梯田 1 840 亩，完成水利工程配套 15 项，营造生态林 2 800 亩，经济林 5 500 亩。引进以色列滴灌工程，确保了林果效益充分发挥，形成了“林果头、干果腰、水果脚”立体开发模式。与河北农业大学、河北科技大学及多所大中专院校合作，开发出高科技农业示范园区，引进 8 个国家的 20 多个名特优树种，建成乌克兰樱桃、美国葡萄、凯特杏、澳大利亚油桃等八大园区。栽植干鲜果树 29.64 万株，人均 210 株，全村林果业果品收入由原来 4.2 万元增长到 1 800 万元，人均果品收入由 95 元增长到 6 800 元。从事涉林行业 118 人，涉林收入占年收入的 43.9%，2019 年成为“河北省森林乡村”。林场效益逐年增加，年均亩产达 1 400 元，成功践行了 “绿水青山就是金山银山”的重要理念。

（三）成为科研教学基地

时代楷模，太行山上的新愚公——李保国，自 1981 年来到前南峪村，一干就是 13 年。李保国教授走遍了前南峪村的沟沟岔岔，对林、田、水、电、路进行了综合规划，在实践中创造性地总结出“三个三结合”和“一个大发展”模式。1995 年，李保国教授研究出太行山板栗集约栽培技术，试验园板栗亩产达到 600 公斤，获得河北省科技进步奖三等奖。1996 年，李保国教授创造的“聚集土壤和径流”的造林理论得到验证，8 000 多亩荒山秃岭建成了“山顶洋槐戴帽，山中果树缠腰，山下梯田抱脚”的立体生态模式。1996 年 8 月的特大洪水中，前南峪村受灾不见灾，依然绿荫环绕、清水潺潺，林茂粮丰。李保国教授把他毕生的精力献给了前南峪村，献给了太行山人民。前南峪村在河北林学院指导下研究开发出开挖水平梯田、蓄水保水等关键技术，首创小流域高标准治理的样板，建立了苹果省力化栽培标准化示范区，形成坡面治、配、蓄、灌、排一体的优化景观生态立体模式，成为北方山区建设的一面旗帜。

坐落在前南峪村的李保国干部学院

（四）提供科技保障

前南峪村在山区开发建设中，形成了以院校、科研单位和省、市、县科技部门为依托，联合农业技术人员和科技示范户的技术开发服务体系。先后与中国农业大学、河北林学院、河北农业大学等24个院校建立协作关系。有76名专家教授定期到村指导服务，约100多名科技人员建立了村中科技联络点，给村民学科技提供便利条件。

（五）优化产业结构

前南峪村始终秉承“绿水青山就是金山银山”理念，坚持走生态效益、经济效益、社会效益相统一的发展路子。

一是农业园区化。前南峪村实施二次创业，改造生态经济沟860亩，发展高新技术示范园区一个，配套了节水灌溉设施，所产生的经济效益比传统种植果树提高了5倍，被省科技厅命名为“邢台前南峪农业科技园区”，为农业高科技推广提供了示范样本。

二是产业生态化。前南峪村先后兴办了十多家工业企业，企业总产值保持在9 000万元以上，利润逐年增加。但为了保护生态环境，以年损失800万元为代价果断砍掉从事化工业和生产金属硅、金属镁的三家企业。对农产品进行二次深加工，建起板栗加工厂和苹果脆片生产车间，安排当地500多名劳动力就业，实现生态效益、经济效益、社会效益同步提高。

三是三产融合化。抗大红色文化是前南峪村的特色资源。为继承抗大优良传统，1983年，他们因陋就简，办起简易的抗大纪念馆，1999年建起抗大陈列馆，随后首长旧居、抗大浮雕、抗大碑林、抗大广场、旅游专线等先后建成，抗大陈列馆被授予“全国爱国主义教育示范基地”和“全国国防教育基地”称号，成为全国100个红色旅游经典景区之一。2013年，对原来的抗大陈列馆进行了扩建，目前早已开馆迎客。

前南峪村抗大陈列馆外景

前南峪村利用红色抗大和绿色生态两大资源优势，开发出国家4A级生态旅游区，包括抗大观瞻区、生态观光区、化山揽胜区、新农村建设区等十大景区，面积达38平方千米，形成了红色、生态、绿色、健康、文化、体验等特色，内有人文和自然景观80多处，是集传统教育、科学考察、生态观光、消夏避暑、回归自然、休闲度假于一体的综合景区。红色景区的抗大陈列馆、首长旧居、抗大碑林、抗大课堂等景点，集观赏性、教育性、参与性于一体，让游客在这里受到良好的革命传统教育。化山揽胜区配备了载人索道缆车，登上坐化山，可以一览风光秀丽的大好河山。景区内急速漂流给游客不一样的体验。万邦珍果园内有板栗、苹果、乌克兰樱桃、欧洲桑葚、澳大利亚油桃、美国葡萄等20多种特优果品供游客观赏采摘。前南峪山庄和76户农家乐，为游客提供了吃、住、游、娱等的必备条件，可满足游客不同层次的需求。每年5月至10月是采摘好季节，仅采摘一项每年可增加经济收入70多万元。2018年，由邢和线直达景区的“抗大路”全线贯通，游客进山更加便捷，2019年，接待游客60余万人次，实现旅游收入8 760万元，景区发展带动周边4个乡镇26个村发展特色产业，实现农民人均增收10 000元，直接和间接带动农民就业12 000余人，取得了良好的经济效益、社会效益和生态效益，拉动了村域经济的快速发展。

2016年6月时任河北省委书记的赵克志同志到前南峪村调研时对生态旅游业发展和美丽乡村建设给予高度评价，并鼓励前南峪村争创国家5A级旅游景区。为了实现这一目标，前南峪村加大建设力度，建立高标准星级公厕、大型农家乐停车场、抗大梅园以及抗大藏书洞等。为了实现三产融合发展，前南峪村还顺应京津冀旅游一体化的发展趋势，立足互利互赢，计划投资1亿元，采用市场营销、宣传推广、投资收益等多种形式，大力推进项目合作、开发和建设，利用三年时间，实现旅游年产值900万元、年收益300万元的目标，拉动村域经济快速发展。

四是农民职业化。前南峪村历来注重对农民的培训，购买科普读物1 000多册，满足了农民学科技、学技能的需求；利用村网站定期发布求职信息，解决50多位村民的就业问题；以果林培训为契机，让适龄青壮年学习果林管理技术。全村420多人掌握2门以上专业技术，50多人取得初、中级农民专业技术职称。同时前南峪村还注重传统优秀文化传承，持续推进“十星级”文明户评比，不断提升村民素质水平。

三、工作成效

（一）健全领导体系

前南峪村成立了以党委书记郭天林为组长、党委副书记郭高生和党委委员郭双庆为副组长，其他“两委”干部为组员的领导小组，并将领导小组分成统筹谋划组、对外联络组、项目督促组以及后勤保障组，着力实现生态资源最大化、生态文化优质化以及生态产品惠民化的总目标，依托科技支撑和资金保障两大战略，发挥人才智力和国家惠民政策优势，以生态治理为核心重点建设农业产业化经营的“新典范”，农业科技成果展示与示范的“新展区”，红色文化传承与农业旅游景观的“新亮点”以及都市休闲度假的“新去处”。

前南峪村省级教育培训基地

（二）做大生态示范基地

前南峪村聘请专家，高标准编制生态经济沟治理十年远景规划，综合山区特色，融合现代元素，为其他相似地区山区建设提供可操作、可复制的前南峪样本。

（三）做精农业科研基地

前南峪村依托高科技示范园区，对接农业、林业部门，形成合作协议，争取 10 年内形成以板栗、苹果为主导，冬枣、菌类为辅助的品种格局，发展有机农业，实行园区化管理体制和营销模式，建立身份可追溯体系，建设苹果、板栗标准化示范园和栗蘑种植基地，建成集群式果林生态景观区，成为优质果蔬供应基地。

（四）建立科技创新基地

前南峪村依托太行山李保国教学科研基地，加大与中国农业大学、河北农业大学等的对接力度，提供优惠政策，吸引研究生主动把课题带到这里，形成课题攻关基地，造福当地子孙后代，争取2030年建立现代农业技术展示与交流中心和新型农民科技培训中心，利用科技效应辐射带动周边村民增收致富。

（五）建立生态文化基地

前南峪村挖掘红、绿优势，生态环境、文旅、水务、自然资源、规划以及农业等相关部门联合发力，打造自身特色文化，发展生态大旅游格局，念好青山绿水经，打造红色休闲游，发展星级农家乐等，争取早日成为全国生态文化休闲游示范基地。

四、经验启示

（一）转变观念最关键

多年来，前南峪村始终秉持绿色生态发展观，在山区综合治理方面，由过去单纯靠第一产业转变为由第一产业向第三产业跨越，由过去以卖原果为主的自然经济转变为现在的靠农产品深加工增值、靠品牌闯市场的规模经济。实现由过去的只追求经济利益转变为靠经济利益引导，实现生态效益、社会效益、经济效益有机统一、协调发展。

（二）坚持不懈最重要

前南峪村多年来坚持走生态优先、绿色发展道路，咬定青山不放松，治山不止奋斗不息，从最初的“沟谷治理”到后来的“综合治理”，生态建设取得了令人瞩目的成就。

（三）以人为本最可贵

为了让群众拥有舒适的居住环境，保护碧水蓝天，前南峪村注重新能源使用，村里建起邢台山区首家秸秆气化站，集中供气，供全村做饭取暖，可燃气体燃烧不排放任何烟雾、废气和粉尘，不仅避免了柴草乱放，还解放了妇女劳动力，减少了生活费用支出，村民每人每天交一斤秸秆，就可保证用气，走出一条持续发展的新路子，生态环境发生质的飞跃 。

风光旖旎的浆水川

习近平总书记指出，新农村建设一定要走符合农村实际的路子，遵循乡村自身发展规律，充分体现农村特点，注意乡土味道，保留乡村风貌，留得住青山绿水，记得住乡愁。让乡村成为生态宜居的美丽家园，让居民望得见山、看得见水、记得住乡愁，也是实现乡村振兴的题中之义。

前南峪村在保护生态中，巩固提升生态文明建设成效，在发展生态中，加快群众增收致富步伐，一步一个脚印，积小胜为大胜，取得了环境效益、经济效益和社会效益“三赢”的成绩。

今后，前南峪村将不忘生态建设初心，牢记绿色惠民使命，继续探索“绿水青山”转化为“金山银山”的有效渠道，进一步提升生态产品保障能力，创新生态价值实现途径，打造绿色惠民、生态共享的新亮点，做“绿水青山就是金山银山”的忠实践行者。

案例六

深入践行“绿水青山就是金山银山”理论 全力打造山清水秀、天蓝地净的美丽新村

山西省朔州市右玉县威远镇康平村

一、背景情况

习近平总书记在党的十九大报告中指出，坚持人与自然和谐共生，必须树立和践行“绿水青山就是金山银山”的理念。“绿水青山就是金山银山”理论不仅是习近平生态文明思想的重要内涵，更是我们厚植生态优势、打造美丽乡村的实践依据。右玉县威远镇康平村是实施易地扶贫搬迁集中安置的移民新村，也是深入践行习近平总书记“绿水青山就是金山银山”理论、推动美丽乡村建设的示范村。该村距右玉县城 3 千米，梁威路傍村而过，交通便利，区位优势明显。康平村 2017 年 3 月开工，建成居民住宅 100 套，建筑面积 5 806 平方米。2018 年开始搬迁入住，目前已迁入全镇 16 个村的易地搬迁贫困户 97 户 215 人。村基础设施和公共服务功能完备，新建了 300 平方米的村级党群服务中心，并配套建设了村卫生室、文化活动室、爱心超市等。村党总支按照“以党建统领移民搬迁，以组织振兴引领乡村振兴，建设宜居宜业美丽移民新村”的工作思路，大力实施以支部领办产业、

干部领办项目、党员领办任务为内容的“三领工程”，抓党建促脱贫攻坚、促乡村振兴，推动村级集体经济发展壮大，带领农民群众增收致富，确保群众能够搬得出、稳得住、有事做、能致富。

威远镇康平村

二、主要做法

严格按照省委、市委、县委的安排部署，及时跟进学习习近平总书记关于当前各项工作的重要指示精神，尤其是深入学习贯彻习近平总书记对右玉精神的六次重要指示，为我们发扬右玉精神，以更高起点、更高质量践行“绿水青山就是金山银山”理论以及推动美丽乡村建设提供强大精神动力。

（一）围绕一个理念，厚植生态优势

牢固树立“绿水青山就是金山银山”理念，统筹山水林田湖草沙系统治理，依托右玉县 70 年生态文明建设成果，以绿色转化、绿色崛起为特质，统筹绿化、彩化、财化“三化”同步推进。全面加强水库、河道、饮用水水源地水质监测和管护，扎实推进污水垃圾基础设施和农村生活污水处理系统建设。新建了日处理量为 300 立方米的集中污

水处理站，配套建设污水管网 1 760 米，解决全村 97 户居民的生活污水处理问题，居民的生活污水全部实现无害化处理。大力推进“蓝天守护”工程，实施大气污染防治行动计划，重点推进农村烟煤、废气、油烟、秸秆焚烧和建筑扬尘治理。康平村还接通了县城热电集中供热管网，新建了 1 座换热站及其配套机组，成为全县第一个实施集中供暖的村庄，全村集中供热普及率达 100%。春季绿化全村栽植榆叶梅、果树、卫矛、云杉等 12 个树种共 3 000 株。康平村还对二道河流经村内的河段两岸全部进行绿化，同时在干河古城村河段栽植高 1.5 ～ 2 米樟子松 1.5 万余株。

康平村换热站

（二）创新两条路径，推进“绿水青山”向“金山银山”转化

习近平总书记多次强调，“生态兴则文明兴，生态衰则文明衰”“良好生态环境是最公平的公共产品，是最普惠的民生福祉”。我们始终坚持习近平生态文明思想，坚持保护为先，妥善处理生态、发展、民生需求之间的关系，生态保护和经济发展协调推进，把生态优势最大限度地转化为产业优势、经济优势、发展优势。主要做法如下：一是

产业引领发展。创新发展路径，以“村党总支＋合作社＋农户”的模式，依托康顺民俗文旅专业合作社，精心打造右玉干部学院教学体验点，体验点包含学员室内教学、小型扶贫展、贫困户入户采访、学院劳动体验等特色课程。为大力传承弘扬右玉精神，讲好右玉故事，推广右玉生态扶贫经验，康平村打造了优质的实践基地，此基地为当地提供了 10 个就业岗位，预计年收益 10 万元；另外，康平村依托杂粮加工专业合作社，进一步整合手工豆腐作坊、榨油作坊、磨面作坊等生产要素，正在新建一条杂粮、葵花籽加工生产线，拟通过整合生产资料、提高生产效率、增加产品效益，不断扩大知名度，打造以“威远”为品牌的特色农产品产销地。二是壮大集体经济。积极争取山西省扶持村级集体经济资金 150 万元，新建分布式光伏发电项目，每月发电 1 万余度，预计年均收益可达 10.8 万元；积极争取国家能源集团扶持，新建日光温室大棚 10 座，总占地 1.3 万平方米，立足美丽乡村建设，着力打造集生态休闲、旅游观光、经济果蔬发展为一体的现代绿色高效农业产业园区，进一步推动现代农业产业化发展，建成后，可提供就业岗位 24 个，务工人员年人均收入增加 1 万余元，村集体经济年收入增加 12 万余元。

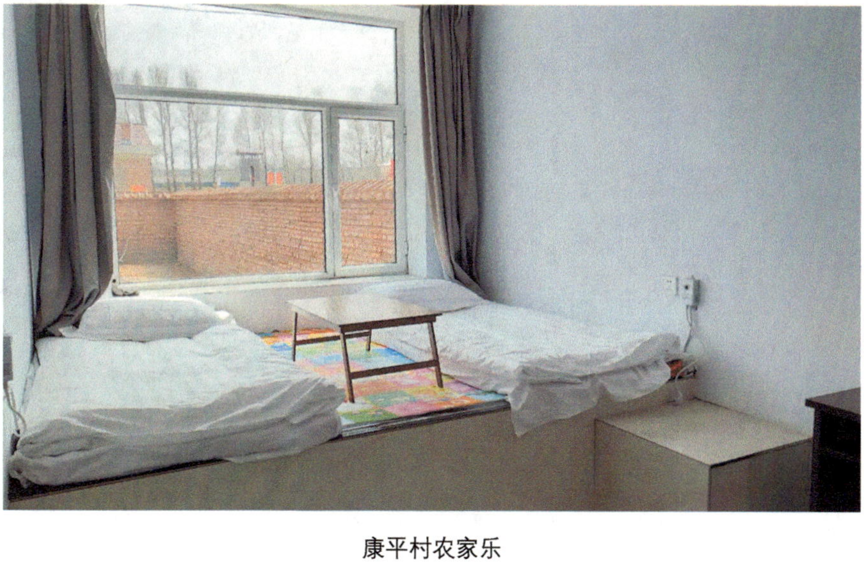

康平村农家乐

（三）建立三大机制，拓展绿色成果

一是全面落实环保工作职责。严格执行《环境保护工作职责规定（试行）》，康平村“两委”主要干部对环境保护工作亲自抓、负总责，不断建立健全环境保护目标责任制，加大督察督办与考核力度。二是严格项目建设环保准入。按照最严格的生态保护原则，坚守生态红线底线，康平村以生产排污治理为重点，坚守项目准入门槛，将环评作为新建项目备案、开工建设的前置条件，在项目开发、产业发展过程中始终严把环评关。三是加强生态环境资源保护。严格执行《关于成立生态环境委员会的通知》《生态保护红线划定方案》《森林资源管理办法》《护林防火工作方案》《河道资源管理办法》《关于实行封山禁牧的实施方案》等一系列文件，综合施策，立体布局，全面加大生态资源保护力度。

康平村污水处理体系

三、工作成效

依托右玉良好的生态环境，康平村因地制宜，多业并举，不断践行着将“绿水青山”转化为“金山银山”的发展路径。大力发展小杂粮、小香葱、果蔬等绿色优势农产品，建成手工豆腐作坊、榨油作坊、磨面作坊等农业龙头小微企业7家，打造以“威远”为品牌的特色农产品产销地，基本实现本地特色农产品就地加工转化增值，有力带动了广大农民增收致富；立足本地丰富的光能优势，大力发展清洁能源产业，建成了分布式光伏发电项目160千瓦，年收入9.5万元；以优势促发展，在特色产业上做文章，大力实施乡村旅游，积极推进乡村旅游品牌建设，加强乡村旅游品牌的体系化、产业化开发，推动文化与旅游、生态、健康等产业深度融合发展，发展沉浸式体验型文化和旅游消费，建成了具有本地特色的农家乐，打造了集干部学院教学、贫困户访谈、劳动体验为一体的教学点，开展丰富多彩的乡村农事体验、民俗活动、乡村旅游、赏花采摘等节会活动，积极探索右玉绿色脱贫的发展之路。2019年村人均纯收入达到10 199元，2020年人均纯收入有望突破13 000元。

康平村光伏

四、经验启示

康平村的发展依托于右玉绿的底色，更得益于践行“绿水青山就是金山银山”发展理念。在进一步做好脱贫攻坚与乡村振兴的有效衔接、打造美丽乡村的道路上，康平村要做的还很多。一是坚守底线红线。要用最严格的制度、最严密的法治保护生态环境，通过生态法治体系的探索和构建，对生态建设成果进行高标准保护，只有拥有了“绿”的基础，才能讲“富”的发展。二是坚持产业引领。要坚持“经济生态化、生态经济化”，切实将生态环境优势转化为经济社会发展优势，因地制宜发展适合当地的产业，坚持特色产业引领，带动激发当地农民积极参与进来。三是切实保障民生。践行“绿水青山就是金山银山”理论的最终目的，就是要以绿水青山为发展基础，带动贫困人口脱贫致富，让良好的生态环境成为最普惠的民生福祉。要通过“绿”的转化，创造更多绿色财富和生态福利，走出一条“全村参与、全民致富”的绿色发展新路，全力打造山清水秀、天蓝地净的美丽新村。

康平村中心广场

案例七

绿水青山美丽乡村
生态康养百姓受益

山西省长治市沁源县景凤乡景凤村

一、背景情况

（一）简要概况

景凤村位于沁源县城东北角，距县城 58 千米，以种植业、养殖业为主，无工业企业。这里山岳竞秀，苍松如海，鸟鸣涧深，天韵悠然，全乡森林面积 15.6 万亩，森林覆盖率高达 86%，负氧离子含量丰富；境内植被优良，牧草丰美，牛羊成群；黑鹳、苍鹭、野鸳鸯、金钱豹等国家一、二级保护动物在这里长期繁衍生息；“希望松”“柳抱松”“神鸟松”等古树奇松风姿绰约，宛如画屏；“积善泉”喷珠吐玉，碧水长流；“石花岭”千姿百态，蔚为壮观；村中北齐、隋代、唐代三个时期的摩崖造像，生动形象，引人遐想；昼夜温差大，盛夏如春、清凉世界，绿色 GDP 指数高，生态红利新潮涌动；同时据《山海经》《水经注》等古籍史料考证，景凤还是神农炎帝圣诞地、农耕文化起源地，文化资源丰富。

（二）生态资源优势

景凤村以沁源县委“绿色立县”战略为指导，抓住景凤自然生态、炎帝农耕文化、红色革命资源优势，以丰富“绿水青山”、转化“金山银山”为重点，坚持走打造森林康养小镇、建设慢生活休闲体验区的乡村振兴发展道路。2018 年，沁源县美丽乡村旅游服务公司看到景凤乡的生态优势，与景凤村合作，建设景凤丹雀小镇。项目以移民搬迁后遗留的社科、韩家窑 2 个自然村的房屋、土地、荒坡入股，对山庄整体规划，修复传统民居、丰富林木资源、建设花海乐园、形成森林康养基地，共设置 9 个功能区：干部人才培训区、乡村记忆精品民宿区、高端康养别墅区、果园采摘区、花园观赏区、游园体验区、鱼塘垂钓区、森林越野拓展区、天神山佛地祭拜区，形成“九位一体”的天神山丹雀文化康养旅游避暑胜地。

2018 年以来，景凤乡先后获得多项荣誉，被中国林业产业联合会评为中国慢生活休闲体验区，被中国环境报社、中国环境网评选为美丽乡镇；景凤丹雀小镇（社科农庄）被授予“中国森林康养人家”称号并成为中国森林康养理事单位。

二、主要做法

（一）守护“绿水青山”，建设全域美丽乡村

景凤乡坚持“绿水青山就是金山银山”的理念，以县委“绿色立县”战略为指导，坚持生态优先，绿色发展，将生态保护与美丽乡村建设融合，不断丰富林海资源，形成了以景凤丹雀小镇为核心并扩展至全乡的森林康养旅游区。

1. 厚植生态优势。景凤村持续推进国土绿化、通道绿化、村庄绿化、庭院绿化、荒山绿化，在全村形成“推窗见绿、出门进林”绿色景观。投资 700 万元建设 1 500 亩宜机化经济林，以种植干果、水果等经济林和园林绿化苗木为主；在景凤丹雀小镇周边荒山荒坡种植 23 个品种 29 425 株树木，其中森林康养景观区风景观赏树种 23 452 株，果园采摘区以李子树、桃树、梨树、杏树为主的采摘树种 5 973 株；在公路沿线种植榆叶梅、碧桃、云杉、连翘等观赏性树种 3 000 余株，建设 7 千米公路景观带。全乡形成了以景凤丹雀小镇为核心的林间漫

步、休闲采摘、森林康养景观带。

2. 建设全域美丽花园。以观赏性中药材、油葵等作物为重点，辅以各类观赏性花卉，在全村形成花海世界。景凤丹雀小镇以观赏性中药材为主，建设百花园，种植菊花、芍药、百合、海棠等独具特色的花卉 109 亩。在生态运动节营地种植 20 亩花园、建设占地 20 亩的荷塘悦色荷花园，以荒坡荒地和公路沿线为主种植千亩油葵，同时规划实施区域道路沿线 16 千米菊花带建设。将景凤打造成了“迟日江山丽，春风花草香”的田园风光。

景凤乡丹雀小镇百花园观赏性中药材

3. 确保河清水净。对梨花泉、积善泉、巡河泉等的源头进行保护，实施紫红河治理工程，建设 4 千米河堤并整治河道；在景凤丹雀小镇建设桥梁 3 座，整治河道进行绿化 2 000 米，建设蓄水坝及戏水平台 4 处，鱼塘 2 490 平方米，在留住浅滩保护原生态的基础上，实施亲水平台和沿溪步道建设，凸显“小桥流水人家”特色民俗风情，打造沿河水系景观，实现了水清、岸绿、景美的田园风情。

4. 注重康养要素开发。依托景凤村突出的森林资源优势和良好的发展基础，沁源县美丽乡村旅游服务有限公司全面启动了景凤丹雀小镇森林康养人家项目（简称景凤丹雀小镇）。该项目建设共分为三期，共流转土地 1 300 余亩，总投资 1.5 亿元。目前，景凤丹雀小镇按照修旧如旧的原则改造 99 间旧房屋，新建 32 间房屋，建设 300 平方米游客接待餐厅，5 间游客接待中心，1 处培训中心，配备现代化生活设施，并建设深井水完善供水设施、新建地下排水管网配套粪污处理设备，所有建设材料都使用清洁无污染的环保材料，取暖采用现代发热瓷砖，所有建筑保持了沁源传统民居的“四梁八柱”结构，凸显环保、生态的建设理念和传统建筑风貌。建设鱼塘 1 处，修建越野车赛道 3 000 米、森林栈道 2 000 米，持续加大以观赏性中药材、观赏性油葵等为主的经济作物种植面积，建设百花园和田间观光路，购买观光电瓶车 3 辆，配套设施逐步完善，接待能力不断提升。

景凤乡丹雀小镇

（二）生态转化金山银山，农旅融合促进发展

习近平总书记指出：“依托丰富的红色文化资源和绿色生态资源发展乡村旅游，搞活了农村经济，是振兴乡村的好做法。”原山西省委书记楼阳生提出“用好老天爷恩赐的壮美自然风光，用好老祖宗创

造的不朽文化遗产，用好老前辈留下的宝贵红色基因”，景凤村抓住景凤自然生态、炎帝农耕文化、红色革命资源优势，以丰富绿水青山为重点，以景凤丹雀小镇（社科农庄）3A 乡村旅游景区创建为目标，坚持以森林康养为主业建设慢生活休闲体验区的道路，推进一三产业融合发展的乡村旅游新业态。

景凤乡生态运动帐篷节

1. 举办文旅活动吸引八方来客。从 2015 年开始，以“景凤好、好风景”为品牌理念，景凤乡大力发展乡村旅游，连续举办了四届生态运动帐篷节；2019 年，发挥景凤乡观赏性中药材和花海景观带优势，在景凤丹雀小镇举办首届田园赏菊文化节。举办的系列文旅活动，拓展了农旅融合的发展空间，取得了良好经济效益。绿色的山谷间五彩的帐篷座座相连，人们脚踏绿茵、畅享呼吸。山地自行车比赛、徒步登山、越野探险、采摘垂钓、农活体验、传统戏曲演出、乡土文艺表演以及篝火狂欢晚会，掀起一波又一波热潮。游客在这里看山、看水、看风景，品小吃、赏工艺、购特产、吃农家饭、住民宿，享受着生态休闲时光，体验着乡土风俗人情。

2. 创新农业体验旅游。在景凤丹雀小镇规划建设现代家庭农场，由游客认领土地，通过网络即可管理和收获农产品，形成自种自供的农耕体验区。

3. 旅游消费带动发展。注重传统产业升级，景凤乡发挥生态资源优势，大力实施无化肥战略，推广“三安模式”有机旱作农业，在全乡形成观赏性中药材、有机高山蔬菜、有机小杂粮种植区，建设社科农产品加工厂，在景凤丹雀小镇餐饮服务中，全部使用本地农产品；完善旅游消费带动机制，以社科游客服务中心、景凤游客服务中心为依托，整合资源，将怡和景凤扶贫超市、电商服务站与旅游服务融合，推进农产品走向网络、走近游客，带动群众增收。

景凤乡有机旱作农业

4. 优质服务留住游客。景凤丹雀小镇以康养为重点，丰富的康养资源为要素，开发本地有机农产品，小镇具备接待150人住宿和200人餐饮的能力，全部投入运营后，可实现年收入1 000万元，为当地提供 150 人的就业岗位，带动当地农民实现年人均增收 7 000 元左右。同时，以“企业 + 农户”模式，在全乡带动形成 35 处高标准农家乐服务点，进一步增强旅游接待能力，增加农民收入。

（三）体制机制创新

1. 坚持规划引领。结合乡村发展现状，高起点定位、高标准谋划、高规格设计，确立了以打造森林康养小镇为基础、建设慢生活休闲体验区为目标的乡村振兴发展道路，统筹各项规划，编制《景凤乡森林康养基地总体规划》《中国慢生活休闲体验区总体规划》等 8 项乡村振兴产业发展规划。

2. 开展资产收益改制增收试点。景凤丹雀小镇建设项目以社科、韩家窑 2 个移民搬迁后的遗留自然村为开发建设区域，采取“公司 + 合作社 + 农户”的合作模式，将移民搬迁后的土地、房屋统一收回集体，以土地、森林和移民搬迁后的遗留自然村庄入股，充分利用了社会资本，盘活了闲置资源，实现资源变资产、资金变股金、村民变股民，让农民分享资产入股带来的红利，切实拓宽农民增收渠道，持续壮大村集体经济，对农村集体产权制度改革起到积极的引领作用。项目采取乡村健康宜养宜游新模式，打好生态康养和转型增收两张牌，让市民真正体验农村绿色健康生活，极大地加快了景凤村生态资源优势转化为乡村旅游效益的步伐。

3. 以生态优势促进农业升级。抓住沁源县全域有机农业发展机遇，引进三安农业模式，围绕有机农业生产、特色产品开发、绿色品牌包装、线上线下市场开拓，采取政府扶持推广、企业合作开发、农户共享收益的模式，建设百川 60 亩高山蔬菜有机农业示范园、南湾 150 亩小杂粮有机农业示范区，以开发系列功能性农产品和康养产品为重点，发挥有机农业、生态采摘、休闲观光综合效益，推进资源的循环利用和可持续发展，形成“整体、协调、循环、再生”的全域发展格局，推进实现农旅融合，促进产业兴旺、农民增收、乡村振兴。

三、工作成效

景凤丹雀小镇项目启动以来，带动当地农民务工 100 余人，通过土地流转资金、务工等人均年收入增加 3 000 元。项目建成后，预计可实现年收入 1 000 万元，提供当地 150 人的就业岗位，带动当地农民年人均增收 7 000 元左右。

2019 年国庆黄金周在景凤丹雀小镇举办首届田园赏菊文化节，景凤乡通过古筝弹奏、《弟子规》童声朗诵、汉服巡游、景凤乡“凤舞九天”女子威风锣鼓队表演等丰富多彩的形式助兴开幕，设有农产品、摄影作品展览，还打造了美丽景凤实景演出。游客既可尽情享受菊花的芬芳与秋日的美好，又可以邂逅身着汉服的菊花仙子，传统服饰之美与山水秀色融为一体，为广大游客呈现一场节庆旅游传统文化盛宴。进一步宣传展示怡和景凤的独特魅力，提升乡村旅游文化品位与“景凤好，好风景”的品牌效应，实现了依托绿色生态资源与文化资源发展乡村旅游，振兴乡村，推动景凤全乡经济发展的目的。

景凤乡丹雀小镇全景

四、经验启示

（一）保护好“绿水青山”，开发出“金山银山”

景凤在原有 86% 森林覆盖率基础上，以观赏性、采摘性、经济性林木为重点，持续加大通道绿化、村庄绿化、庭院绿化、荒山绿化工作力度，建设花海世界，既突出生态保护，也注重经济价值，实现生态效益和经济效益的统一。

（二）展现出地方特色，打造出文旅品牌

景凤丹雀小镇既是森林康养的载体，也是资源转化为效益的平台，景凤乡生态资源、农业产品、传统文化等要素如涓涓流水汇入景凤丹雀小镇，变成了源源不断的经济效益。景凤村发掘传统文化，发挥妇女作用，组建了“凤舞九天”女子威风锣鼓队，定期在景凤丹雀小镇进行表演；围绕森林康养主线，丹雀小镇植绿种彩，展现了自然生态之美；大力推进有机旱作农业示范乡建设，推进传统农业升级，有机绿色无污染的农产品在景凤丹雀小镇走进游客心中，将电子商务与旅游消费融合，使景凤农产品走向四面八方。

以景凤丹雀小镇为样板，景凤乡其余 5 村均将在今后复制其成功经验并全面推广实施。不久的将来，美丽的“景凤森林人家”必将以独有的神韵惊艳亮相，实现一代代景凤人梦寐以求的小康生活。我们将精心打造“绿色沁源·怡和景凤”这张亮丽名片，始终注重“绿水青山”保护，走好农旅融合、生态康养道路，践行“绿水青山就是金山银山”理论，为景凤乡人民谋幸福不懈奋斗！

案例八

建绿水青山示范区 做“绿水青山就是金山银山”理论守护人

内蒙古自治区杭锦旗库布齐沙漠亿利生态示范区

一、背景情况

库布齐，蒙古语中意为“弓上之弦”，是中国第七大沙漠，总面积约为 1.86 万平方千米，东西长 365 千米，南北宽约 40 千米，最宽处有 65 千米，最窄处仅 10 余千米，主体位于内蒙古鄂尔多斯市杭锦旗境内，占全旗土地面积的 53%。

2017 年 7 月 29 日，习近平主席向第六届库布齐国际沙漠论坛致贺信指出，中国历来高度重视荒漠化防治工作，取得了显著成就，为推进美丽中国建设作出了积极贡献，为国际社会治理生态环境提供了中国经验。库布齐治沙就是其中的成功实践。

历年来，杭锦旗党委、政府始终将生态环境建设作为全旗最大的基础建设和民生工程来抓，大力推进祖国北疆生态安全屏障建设，库布齐沙漠区域生态环境明显改善，生态资源逐步恢复，沙区经济不断发展，治理面积达 6 000 多平方千米，绿化面积达 3 200 多平方千米，三分之一的沙漠得到治理，实现了由“沙逼人退”到“绿进沙退”

的历史性转变。全旗植被覆盖度由 2002 年的 16.2% 增加到 2018 年的 53%。

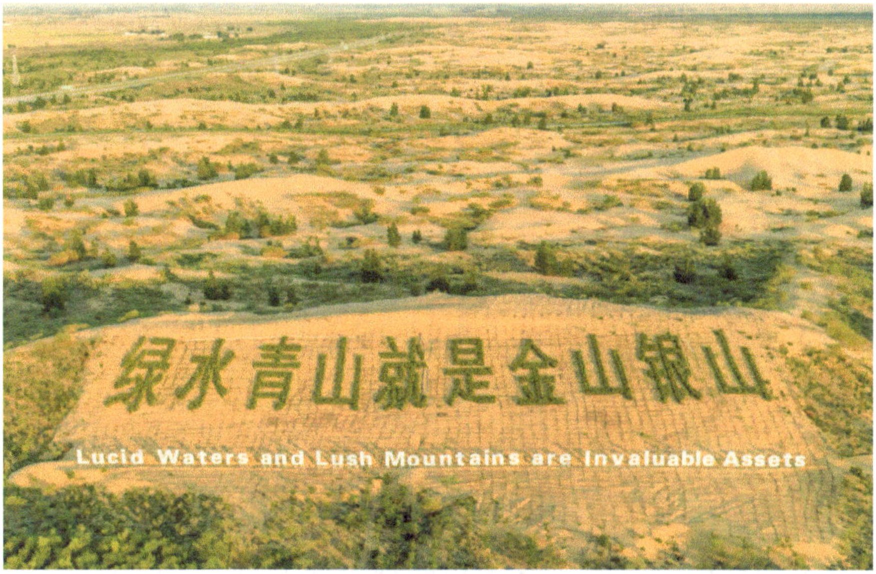

内蒙古自治区鄂尔多斯市杭锦旗库布齐沙漠亿利生态示范区

二、主要做法

亿利生态示范区党委、政府倾力支持企业规模化、系统化、产业化治沙绿化，发展沙漠生态工业、生态光伏、生态健康、生态旅游和生态农牧业等沙漠生态循环经济产业，通过生态产业的导入带动沙区农牧民创业就业，脱贫致富。沙区贫困人口年均收入从不到 400 元增长到目前的 1.4 万元，走出了一条“产业与扶贫”“生态与生意”互促共赢的新路子，实现了“治沙、生态、产业、扶贫”四轮平衡驱动发展。特别是党的十八大以来，在习近平生态文明思想的指引下，示范区以生动的实践诠释了“绿水青山就是金山银山”伟大理念，库布齐沙漠已经向“绿水青山”和“金山银山”转变，创造了巨大的生态财富，成为“世界治沙看中国，中国治沙看库布齐”的样板和典范。库布齐治沙取得当前成果的根本原因是习近平生态文明思想的正确指导。当地深入践行“绿水青山就是金山银山”理念结出了丰硕成果，为生态文明建设找到了生态、经济、民生的利益平衡点，政府、企业、群众形成了紧密的治沙利益共同体，探索出了“党委政府政策性主导、社会产业化投资、农牧民市场化参与、科技持续性创新”四轮驱动的“库布齐沙漠治理模式”，实现了多方互惠共赢。

（一）持续构筑沙漠治理支持性政策体系

内蒙古自治区紧紧围绕习近平总书记筑牢祖国北疆绿色生态安全屏障的嘱托，坚持以社会化的方式推进沙漠治理，加强政策引导，实施奖补机制，充分调动企业、群众等各方力量参与荒漠化治理；鄂尔多斯市委、市政府坚持“绿色大市”战略，大力实施禁牧、休牧政策，在全国率先在农区、半农半牧区和牧区的国家重点生态工程区和生态恶化地区实行全年禁牧，其余地区实行4—6月休牧，休牧结束后以草定畜，同时推行舍饲圈养，并出台实行“五荒到户、谁造谁有、长期不变、允许继承”等政策，为社会力量多元化参与生态建设创造了有利的政策环境；杭锦旗推行“掏钱买活树”的约束机制和“以补代造”“以奖代投”等激励机制，鼓励、引导企业、农牧民通过承包、入股、租赁以及投工投劳等方式参与防沙治沙，撬动全社会共同参与治理。进入新时代，亿利生态示范区始终坚持以生态优先、保护优先、自然修复为主的方针和山水林田湖草沙是生命共同体的系统思想，扎实推进重点区域的生态修复与治理，在发展沙产业、生态移民、禁牧休牧、林权流转、生态基础设施建设方面给予了企业和群众直接支持。

（二）着力构建沙漠治理多元化投入机制

建立了政府、银行、企业协作机制。采取项目带动方式，统筹捆绑涉农涉牧项目，实施林业生态建设项目404.41万亩、草原生态建设项目170万亩、河湖连通项目向库布齐沙漠引入黄河凌汛水6 300万立方米，治理面积5.4万亩，累计完成生态建设治理面积579.81万亩，投资10.4亿元。引入社会资本，依托国家和地方生态工程，在开展系统化、规模化、产业化沙漠治理的基础上，大力发展沙漠生态产业，逐步创造出生态修复、生态牧业、生态健康、生态旅游、生态光伏、生态工业“六位一体”与一二三产业融合发展的生态产业体系。引进亿利、伊泰等10多家企业参与生态建设，累计投资近50亿元，涉及基础设施建设、草原围封、人工造林、飞播封沙等多个方面，走出了一条规模化、产业化的治沙之路。按照“绿起来与富起来相结合、生态与生存相结合、产业与扶贫相结合”的发展思路，树立“向沙要绿、向绿要地、向天要水、向光要电”的发展理念，探索“治沙、生态、产业、扶贫”四轮平衡驱动的可持续发展之路，形成了独特的沙漠生态经济学理论。

库布齐沙漠生态光伏项目

三、工作成效

（一）在治沙中致富、在致富中治沙

在库布齐治沙过程中，当地党委、政府鼓励引导广大农牧民通过植树造林、发展特色种植养殖项目等渠道，融入治沙和生态产业链条，实现在治沙中致富、在致富中治沙。通过建立多方位、多渠道利益联结机制，积极推广“农户＋基地＋龙头企业”的林沙产业发展模式，

充分调动广大农牧民特别是贫困农牧民治沙致富的积极性和主动性；在库布齐打造“平台＋插头”的沙漠生态产业链，让当地农牧民拥有了“沙地业主”“产业股东”“旅游小老板”“民工联队长”“产业工人”“生态工人”“新式农牧民”7种新身份，带动库布齐沙区及周边3.6万名农牧民脱贫致富，带动周边1 303户农牧民发展起家庭旅馆、餐饮、民族手工业、沙漠越野项目等，户均年收入10万多元，人均收入超过3万元，517户农牧民实行标准化养殖和规模化种植，人均收入达2万元，累计引导农牧民投入治沙资金5 000万元左右，完成林草种植20万亩，让广大群众共享沙漠生态改善和绿色经济发展成果，获得治沙增绿和民生改善的“双实效”；在库布齐东部区域，通过打造循环经济产业链，直接或间接带动了1万贫困人口就业创业，创新性地提出并实施了“无土移民”战略，将生活在沙区与不适宜人类生存发展环境中的群众搬迁到园区创业发展，使6 000多户、10 000多人进得来、稳得住、能致富；通过建立沙柳种植保护让利的补偿机制，使周边贫困人口人均增收2 000元。

（二）建立“乔、灌、草（甘草）”相结合的立体生态治理体系

库布齐探索创新了100多项沙漠生态技术成果，研发了1 000多种耐寒、耐旱、耐盐碱的植物种子和100多种“沙漠生态工艺包”，建成了我国西部最大的沙生灌木及珍稀濒危植物种质资源库，建立了旱地节水现代农业示范中心、生态大数据示范中心、智慧生态光伏示范中心和与联合国环境规划署共建的“一带一路”沙漠绿色经济创新中心等一系列处于世界先进水平的示范中心。

（三）大力实施江河湖库连通项目

黄河流经杭锦旗全长249千米，是全国黄河流域流经最长的旗（县），每年凌汛期，平均槽蓄水量在14.4亿立方米左右，每年流凌封冻和开河流凌两个凌期长达120天。为此，当地通过实施河湖连通项目向库布齐沙漠引入黄河凌汛水，改善沙漠生态环境，达到了减轻防凌压力和治沙双赢的目的，变水害为水利。自2016年以来，杭

锦旗政府自筹资金4 000万元，争取国家江河湖库水系连通项目资金6 524万元，建成分凌引水渠38.03千米，累计引凌水2.45亿立方米，形成近100平方千米湿地，有20多种植物恢复自然生长，10多种水鸟长期栖息。沿黄地区老百姓通过养牛、养螃蟹和发展农家乐、沙漠探险旅游实现脱贫致富，沙区农牧民人均年收入从过去不到4 000元增长到1.8万元，充分共享沙漠生态改善和绿色经济发展成果。为全力巩固库布齐沙漠第二批“绿水青山就是金山银山”实践创新基地建设成果，当地将“水生态”项目区继续向下延伸扩展，形成从黄河引水、自流经过库布齐沙漠、再退还黄河的水循环格局，形成湿地面积300平方千米。

库布齐沙漠水生态

四、经验启示

（一）形成库布齐沙漠治理模式

亿利生态示范区认真落实新发展理念，坚定不移地把保护生态环境放到突出的战略位置，坚持保护与发展并重、保护优先的发展思路，深入持久地推进生态文明建设，不断加大治理力度，大力发展沙漠绿色经济，创造巨大的生态财富，成为“世界治沙看中国，中国治沙看库布齐”的样板和典范，成为全球提升沙漠价值、推动生态修复和荒漠化治理、助力实现全球防治荒漠化公约目标的重要示范。库布齐治沙践行了习近平生态文明思想“共谋全球生态文明建设之路”的共赢全球观，向世界分享了库布齐治沙经验成果。从不毛之地到绿色屏障，库布齐沙漠的华丽转变得到了国际社会的高度认可。2017 年，《联合国防治荒漠化公约》第十三次缔约方大会在鄂尔多斯市召开，将库布齐治沙模式作为中国防沙治沙的成功实践写入 190 多个国家代表共同起草的宣言，成为全球防治荒漠化的典范。库布齐沙漠治理模式于 2018 年 7 月被中共中央宣传部作为生态文明建设重大典型大力宣传，库布齐正与全国、全世界荒漠化地区分享成功治沙模式。2018 年 12 月 15 日鄂尔多斯市杭锦旗库布齐沙漠亿利生态示范区荣获“绿水青山就是金山银山”实践创新基地称号。

（二）分享成功模式

库布齐沙漠治理模式不仅在浑善达克、乌兰布和、腾格里、塔克拉玛干等各大沙漠和新疆、西藏、青海、甘肃、云南、贵州、河北、吉林等全国各大沙区成功落地，而且已经成功走入沙特阿拉伯王国、蒙古国等“一带一路”沿线国家和地区，与全世界荒漠化地区分享成功模式，为全球可持续发展开出了中国药方，为实现土地退化零增长的世界目标提供了中国方案，也为推进人类可持续发展贡献了中国经验。

案例九

筑牢生态屏障 打造绿色家园

河南省南阳市西峡县五里桥镇黄狮村

一、背景情况

河南省南阳市西峡县五里桥镇黄狮村地处八百里伏牛山南麓、丹江支流鹳河北岸，距西峡县城 5 千米，全村有 19 个村民小组，720 户，2 760 人。这里是南水北调重要的水源涵养地，也是国家级恐龙蛋保护区的核心区域。近 20 年来，在西峡县委、县政府持续推进建设生态大县、旅游名县的过程中，五里桥镇黄狮村由一个从事传统农业种植的自然村发展为享誉豫西南的猕猴桃专业生产村。目前，该村猕猴桃人工种植面积 3 390 亩，占全村总耕地面积的 96%，群众收入 85% 来自猕猴桃产业。在经济生态化、生态经济化的过程中，黄狮村走出了一条“农游一体化”的猕猴桃产业发展之路，尤其是党的十八大以来黄狮村在美丽乡村建设方面持续发力，全村已呈现出“畅、亮、绿、洁、美”的乡村振兴新气象，可谓“白天赏花游园、夜晚观灯纳凉”。2019 年，全村人均收入达 1.6 万元，黄狮村也先后被授予“‘全国一村一品’示范村”“国家森林乡村”等荣誉称号。

黄狮村猕猴桃产业的发展走出了乡村振兴的新路子，也是对习近平总书记提出的“绿水青山就是金山银山”理念的最好诠释。特别是 2008 年提出南水北调水源地保护以来，黄狮村始终坚持走“生态保护与产业发展并重、体制机制创新与产业提档升级并重”的农游一体化发展之路，通过引入项目、加大投入、强化引导、加强治理等，使群众的获得感、幸福感和归属感不断提升。

赏花游园

二、主要做法

（一）筑牢生态屏障，做“绿水青山”的守护人

作为南水北调重要的水源涵养地，为筑牢生态屏障，多年来，西峡县委、县政府持续推进猕猴桃产业发展，正是在这样的产业背景下，黄狮村走出了依靠猕猴桃种植的生态发展之路。一是绿色种植、科学管理。在猕猴桃种植上，该村探索出“沼—果”施肥法并赴新疆采购羊粪施肥形成有机化种植模式，在日常管理上，该村利用灯光生物灭虫和微灌技术，避免了土壤污染。二是“三清四化”、综合整治。2012 年，借首批河南省美丽乡村建设试点之机，政府投资 3 000 余万元对村庄道路实施了硬化、美化、亮化、绿化工程，并修建了游园项目，配备了垃圾环卫设施，同时还组建了村级、组级保洁员队伍。特别是乡村振兴工作实施以来，通过各方努力，该村建成了占地 170 亩的黄狮月季主题公园、黄狮音乐广场光亮工程等，使黄狮村的面貌焕然一新。三是改厕改圈、沟河治理。近年来，黄狮村持续开展了规范畜禽养殖、改厕改厨、河沟治理工作，截至目前，黄狮村共建人工湿地 6 个、公厕 5 个，村民改厕率 100%，修建污水管网近 3 万米，关停改造畜

禽养殖户近 20 家，并对区域内 3 条河道进行了生态修复，防止地下水体污染。

（二）加快产业升级，做乡村振兴的引路人

黄狮村发展的基础和优势在猕猴桃产业，通过倡导“经济生态化、生态经济化”理念，不断提升猕猴桃的专业化、产业化水平，实现了“绿水青山”向“金山银山”的转化。一是提升管理、合作化经营水平。为提高猕猴桃种植的科学化管理和市场化运作水平，黄狮村先后成立了 3 个猕猴桃专业合作社，通过有机化种植不断改良土壤，通过产业化经营不断拉长链条，培育出“海沃德”“徐香”“金桃”“红心果”四大优质品种，打造“恐龙峡”猕猴桃商标，叫响“源头奇果，生态大观”品牌。二是提档升级、农游一体化发展。按照“建万亩园、引万名客、销万吨果”的总体思路，近年来，黄狮村大力开展美丽乡村建设和乡村振兴建设，先后投资近 1 亿元用于基础配套设施建设和环境美化工作，并催生了一批农家乐、民宿馆、垂钓休闲园等，让游客留得下、吃得好。2018 年黄狮村被评为“南阳市农游一体化发展示范区”。三是脱贫攻坚、共赢化发展。2016 年为打赢脱贫攻坚战，黄狮村猕猴桃专业化合作社西树公司承担了帮助全镇 41 户 196 名贫困群众的脱贫任务，建立了技术服务、基地托管和务工就业“三大模式”，单基地托管一项，贫困户每人每年增收 4 500 元。

河长制管理

人工湿地

（三）强化体制机制创新，做生态文明的建设者

为加强对“绿水青山”的保护，促进“绿水青山”向“金山银山”转化，黄狮村加强了生态治理能力的建设。一是科学规划、强力实施。借首批美丽乡村建设试点之机，黄狮村聘请专业性的权威机构编制了《黄狮村美丽乡村发展规划》，并成立了美丽乡村指挥部，经过八年的不懈奋斗，黄狮村万亩猕猴桃生态观光园已初具规模，吸引万名游客的目标基本实现。二是条块管理、共治共护。在生态文明建设上，黄狮村推行“五员”管理办法，即河道有管理员，山坡有护林员，村庄有保洁员，土地有巡查员，文化遗产有管护员；提出“五个严禁”规定：严禁采矿破坏生态植被，严禁火种进山护林防火，严禁焚烧污染环境质量，严禁河道采砂破坏水生态，严禁大棚房建设占用土地；实施“五大修复”工程，即发展有机种植、清洁河道库塘、绿化荒坡河滩、维护文化遗产、修建人工湿地。三是文化引领、和谐共生。黄狮村建立了道德法制广场，打造了猕猴桃文化长廊，建成了黄狮村家风家训馆，并以德育为抓手，建成岳营孝悌文化、刘营忠信文化和樊营礼义文化 3 个试点组，每年，黄狮村都要在各村民小组间进行“道德文明户”和“最美家庭”等系列评选活动，不断提升群众的精神风貌，使群众参与环境治理成为自觉行动。

群众性文化活动

三、工作成效

如今的黄狮村产业兴旺、生态宜居、乡风文明、治理有效、生活

富裕，具体表现为“四美”：一是产业受益，生活美。通过标准化种植、生态化管理、品牌化经营，亩均猕猴桃收益突破万元，群众在产业受益、旅游受益和投资受益中享受美好生活，7户贫困户共10人实现稳定脱贫。二是环境优化，生态美。黄狮村依靠优势产业，全面实施“三清四化”治理，解决了面源污染和点源污染，让配套的每一项建设与生态园相得益彰。让家在园中，园在家中。三是文化内涵丰富，民风美。在兴产业、优环境、强素质中，把核心价值观落实落细，让产业致富能手、乡贤美德家庭、文明传承典范成为引领发展的向善向上正能量，让良好的自然生态与社会生态融入家庭细胞。四是民主决策，和谐美。开展“三百三问”活动，听群众呼声，解百姓难事，架沟通桥梁，让民主决策成为形成和谐美的基础工程。

河道治理

四、经验启示

作为南水北调的重要水源涵养地、国家级恐龙蛋保护区的核心区，黄狮村承载了守护蓝天碧水的重任，同时这也是西峡创建国家全域旅游示范区及巩固国家森林城市建设成果的需要。黄狮村作为西峡县的后花园，已成为豫西南乡村旅游的典范，每当猕猴桃成熟或月季花开的时候，前来五里桥镇黄狮村旅游观光的游客就络绎不绝。乡村振兴产业是基础、优势在生态、关键在干部，黄狮村的成功经验，得益于西峡县委、县政府持续打造生态大县、旅游名县的坚持，更得益于五里桥镇党委、政府多年来对猕猴桃产业的常抓不懈。

生态为魂，生态惠民。习总书记提出的“绿水青山就是金山银山”理念，黄狮村给出了自己最好的诠释，作为该理论的守护人，西峡的各级干部也用实际行动践行着习总书记的生态发展理念。

案例十

践行“绿水青山就是金山银山”理论　建设美丽乡村

河南省洛阳市栾川县潭头镇拨云岭村

一、背景情况

拨云岭村位于潭头镇西南，为栾川县建档立卡贫困村，全村共有耕地 1 050 亩，林地 4 600 亩，辖 3 个居民组，104 户 381 人，其中建档立卡贫困户 36 户 128 人。村中主要产业是核桃种植、油用牡丹间作以及中蜂和土鸡养殖。

近年来，拨云岭村在村党支部带领下，紧紧围绕“因地制宜发展特色产业，扎实有效推进精准扶贫”的工作思路，积极探索“党建引领、产业助推、三治并进”道路，立足生态资源优势，着力发展林下经济和特色乡村旅游，在提前实现整村脱贫的基础上，还取得了经济发展

拨云岭全景

与生态保护的双丰收，先后获得“全国科普教育示范基地”“全国乡村治理示范村”“国家森林乡村””河南省传统村落”“洛阳市美丽乡村示范村”“栾川县乡村振兴典范村”等荣誉称号。

二、主要做法

（一）因地制宜修复生态，科学规划编制蓝图

拨云岭村多为山间坡地，由于海拔高，坡势陡，水土流失严重，造成生态环境不断恶化。拨云岭村深刻认识到环境恶化所带来的恶果，经多方考察和科学研究，2011 年拨云岭村决定退耕还林，发展核桃种植产业。由党支部牵头，成立同富种植专业合作社，全村 104 户农户全部入社，采取“党支部 + 合作社 + 农户”的方式发展核桃种植 1 050 亩 4 万余棵。为解决核桃丰产前群众收益较低的难题，拨云岭村探索出“核桃 + 牡丹”间作的发展模式，在林下种植药用牡丹 767 亩，提高群众收益，让农户收入不减、干劲不退。

“核桃 + 牡丹”间作发展模式

为进一步提升特色产业效益，结合实际，在林下配套发展中蜂、土鸡养殖产业，中蜂采集花粉、提高牡丹产油率，土鸡抓虫吃草、粪便还田，提高核桃挂果率，形成“林木山间长，林间蜜蜂飞，林下牡丹开，土鸡花间养”的立体种养殖循环产业模式，实现产业结构全面调整。通过产业结构调整，拨云岭村遏制了以往环境恶化的局面，水土流失得到有效治理，自然生态大为改观，为“绿水青山”向“金山银山”的转化奠定了基础。

（二）响应全域旅游号召，打造山地养生名片

为实现“绿水青山”向“金山银山”的转化，拨云岭村响应栾川县发展全域旅游的号召，依托当地传统民居多、山林秀美等优势，明确建设“拨云岭村山地养生度假区”的发展定位，明确了“保护生态、探索旅游”的新阶段发展方向。

调整产业，拉长农副产品产业链。“核桃＋牡丹”间作在修复生态的同时，创造了较好的经济价值。在同富种植专业合作社的规范化管理下，2016年起拨云岭核桃、牡丹均进入挂果期，年产青皮核桃150吨，产值45万元；年产油用牡丹籽3万斤，产值22万元，户均增收约6 600元。为进一步提高收益，拨云岭村积极打造“高山核桃”品牌，实现了品牌效益向经济效益的转化。

民宿“慢居·十三月”后院

筑巢引凤，大力发展民宿经济。为进一步拓宽群众致富增收渠道，拨云岭村通过招商引资，引进高端精品民宿“慢居·十三月”落户。“慢居·十三月”以自然风光、休闲慢生活为特点，吸引了大量城市游客前来度假，旅游旺季时一房难求。“慢居·十三月”的成功给村民们吃了一颗”定心丸”，在党支部的号召下，有条件的村民纷纷建起了农家宾馆，发展民宿经济。截至 2019 年，拨云岭村共发展高端民宿 2 家，集体经济四合院 2 座，农家宾馆 12 家，总床位数达 200 张，最高可同时接待 500 余人就餐，群众通过发展农家乐，户均年增收达 1.5 万元。

强化宣传，打造明星旅游产品。拨云岭村以民宿经济为核心，探索新型休闲旅游发展项目，弥补旅游资源的短板和不足。拨云岭村打造了“拨云妈妈手擀面”品牌并持续开展“金秋骑行”和“牡丹仙子”评选活动，还以“回归田园，筑梦乡村”为主题，开展亲子教育、体验教育、游学教育活动，填补了周边游学项目的空白。2018 年 10 月举行了“金秋骑行”活动，吸引游客 4 000 余人次；2019 年 4 月举行了“牡丹仙子”评选活动，吸引周边县镇游客 1.5 万余人次，增收 8 万余元，拉动了全村经济增长，。

（三）筑牢坚强战斗堡垒，夯实基层组织基石

1. 坚持支部引领，打造拨云岭党建品牌。拨云岭村充分发挥党建引领作用，按照“支部想在前、党员走在前”的工作思路，创新实施了筑牢一个坚强战斗堡垒、打造一支先锋模范队伍、建好一个党群服务阵地、找准一条产业发展道路、发展一批集体经济项目、完善一套基层组织制度的“六个一”工作方法，有效增强了党支部的凝聚力、战斗力、创造力。

2. 加强党员管理，发挥党员先锋作用。创新“党支部记忆教育法”，推进党员服务意识提升，开辟“党员示范田”，评选“党员家庭宾馆示范户”，建立党员分包贫困户制度，积极引导党员干部在脱贫攻坚和乡村振兴工作中发挥先锋模范作用，在群众生产生活的方方面面发

挥党员带头作用。

3. 践行“三治”并进，探索高效乡村治理体系。全面落实“四议两公开”制度，不断完善“一约四会”，村“两委”与村民监督委员会、村民代表大会分工合作，组建高效村级管理体系。以拨云岭村群众自力更生、艰苦奋斗的发展史为主题，建设拨云岭村史馆和乡村驿站，进一步发扬“自力更生、团结奋进、把握时代、开拓创新”的拨云岭精神。在村里建起公共法律服务工作室，培养 5 名熟悉法律的工作人员，并配备 1 名法律顾问，建立法治大讲堂，持续开展法律进村活动，强化普法阵地建设，推进依法治村。

三、工作成效

（一）生态环境持续改善

拨云岭村按照“三季有花、四季常绿”的建设要求，广泛种植林木花草，完成 3.5 千米廊道绿化，栽植各类苗木花卉 2.3 万余株，已成功创建了国家森林乡村。创新采用“埋、烧、卖、收、送”分类法实施垃圾分类，增配车载移动垃圾箱 3 个，小型勾臂车 1 辆，为农户增发垃圾分类箱 110 个，实现垃圾设备全覆盖；全面完成全村 104 户“厕所革命”，建成 15 吨 / 月规模污水处理站一座，铺设管网 800 米，实现生活污水无害化处理；每周二常态化开展“清洁家园”活动，环境卫生持续好转。

（二）特色产业做大做强

拨云岭村积极与其他村核桃基地对接联系，探索新型合作管理模式，打造拨云岭“高山核桃”品牌，实现品牌化、规模化、产业化核桃种植，有效提高了农副产品附加值；立足自然条件，发展林下土鸡养殖、中蜂养殖等集体经济产业项目，已投放中蜂 300 箱，养殖土鸡 5 000 只，村级“造血”能力不断增强。

（三）乡村旅游蓬勃发展

拨云岭村积极发展乡村旅游产业，不断完善旅游设施，已成功创建 3A 级乡村旅游景区。同时以“慢居 · 十三月”为龙头，大力建设拨云山居、铁路小院等特色民宿，高端民宿集群初步成型。在高端民宿的带动下，村内农家宾馆经营也渐入正轨，户均年增收 1.5 万余元。集体经济四合院项目也贡献极大，每年租金 14 万元，有效壮大了村集体经济。

拨云岭村一角

四、经验启示

（一）加强组织建设是基础

“火车跑得快，全靠车头带”，实现生态振兴，首先要切实加强以党组织为核心的基层组织建设，选好配强村“两委”班子，把有经营头脑、有致富本领、有奉献精神、有民主作风、有群众基础的农村优秀人才选拔到村“两委”班子中，不断加强村“两委”班子带头致富能力、产业经营能力、创新机制能力，为实现“绿水青山”向“金山银山”的转化提供坚强的组织保证。

（二）立足自身实际是根本

践行“绿水青山就是金山银山”理论必须因村制宜、科学规划，根据不同的情况选择不同的发展模式。要坚持从村情出发，辩证看待优势、劣势，拨云岭村就是牢牢把握山区特点，修建基础设施，挖掘秀美风景，变劣为优，从一个交通不便、经济落后的小山村蜕变为如今远近闻名的集体经济典范村。

（三）培育生态产业是关键

实现“绿水青山”向“金山银山”的转化，关键是要找准、找对特色产业。要坚持走差异化发展道路，深入挖掘自身在生态、人文、历史、资源上的优势，以市场为导向，以效益为中心，以创新为前提，形成具有核心竞争力和可持续发展的生态产业基础。

拨云岭村新建民居

案例十一

绿水青山大梨树
——“干”字精神筑就“绿水青山”和“金山银山”

辽宁省凤城市凤山经济管理区大梨树村

一、背景情况

大梨树村位于辽宁省凤城市西南郊，属凤山经济管理区管辖。村域总面积48平方千米，其中耕地7 440亩、山地54 000亩、村庄3 200亩，呈“八山半水一分田、半分道路和庄园”的山村格局。

大梨树村全景

大梨树村为辽东丘陵地貌，地势起伏，群山环绕，西高东低。车家沟河、蔡家沟河、大梨树河和王家沟河 4 条源头河流经村屯汇入二龙河。全村森林面积 3 500 公顷，森林覆盖率 80%。良好的森林生态系统、宜人的气候和持续的基础建设成为大梨树村绿色发展的重要生态基础。

大梨树村设有 22 个村民组，常住人口 5 131 人，满族人口占总人口的 81%。2018 年实现社会总产值 15.5 亿元，集体总资产超过 5 亿元，村集体可支配收入达 2 000 万元，人均纯收入 2.2 万元。

大梨树村坚持以人为本、生态兴村的发展理念，生态建设基础扎实。先后荣获全国文明村镇、中国人居环境范例奖、中国美丽休闲乡村、中国绿色村庄、中国少数民族特色村寨、全国民主法制示范村、全国优秀青年中心、全国水土保持生态环境建设示范小流域、第二批宜居村庄示范单位、国家 4A 级旅游景区、小康示范村、生态农业示范村庄以及现代农业园区等称号和奖项。

大梨树中心村容村貌

二、主要做法

（一）着力生态建设，绘制美丽乡村新画卷

大梨树村原是一个贫困山村，土地贫瘠、山岭光秃、生态脆弱。多年来，大梨树村实施了荒山治理、水域整修、村庄绿化等生态保护与建设工程，现在全村山清水秀、绿树成荫，村容村貌焕然一新，居中国名村排行榜第 58 位。大梨树村生态建设主要采取了以下措施：一是大力开展山水林田湖路综合整治，修建河流、水库池塘、拦水坝，开发荒山修建万亩果树梯田，有效地控制了水土流失和面源污染，被评为全国水土保持生态环境建设先进单位；二是统一规划建设，沿河两岸建成一排排仿古民居新区，打造北方水乡风貌；三是完善村庄基础设施，改造供电、供水、供暖设施，修建景观河堤绿化带，建设村组道路交通设施，安装太阳能路灯，持续推进村庄绿化、美化、亮化、硬化工程建设，实现村内道路通达、饮水安全、排水畅通、供电通信良好；四是强化污染治理，加大环保设施投入，成立专业卫生队，做到街道专人清扫、垃圾日产日清、卫生保洁常态化、环境管理规范化，为建设生态家园创造了良好条件。

小运河

（二）践行绿色发展理论，构建产业融合新格局

大梨树村在长达30多年的生态建设中取得了令人瞩目的成绩，为当地具有地方特色的产业模式转化奠定了基础。全村坚持集体经济与民营经济同步发展，农商旅一体化推进，形成了以万亩果园为代表的特色农业，以凤泽市场为龙头的现代商业，以农业观光体验为品牌的乡村旅游产业，全力打造辽宁第一村。结合地方自然条件和市场实际，大梨树村大力发展以设施农业、生态农业、休闲农业为载体，具有高效生态特征的现代农业；调整种植结构，建设万亩果园、五味子标准化示范区、葡萄采摘园等特色农业项目，打造“村内苗木村外药、山上花果山下园”的农业产业新格局。坚持以生态农业观光为重点发展旅游业，打造花果山、生态采摘园，修建水库、池塘、河道，形成山水相连的自然景观；建设“干”字文化广场、药王谷、养生坛、民族馆、知青城、影视城，形成生态经济型、生态景观型和生态园林型发展模式，打造乡村旅游新优势，被评为全国休闲农业与乡村旅游示范点、国家4A级景区。建设本市内最大的小商品批发零售商贸市场——凤泽市场，以其为龙头，安置就业2 000多人，年销售额达数亿元，成为本地区大型购物中心。大梨树村坚持推动全村一三产业融合互动发展，加快了富民强村步伐。

花果山

采摘

（三）创新体制机制，探索“绿水青山”向“金山银山”转化新模式

大梨树村把握先机，确立“建设生态文明村”思想理念，科学利用大梨树村生态资源，强化生态制度建设。2011 年，大梨树村制定了《关于创建“美丽大梨树”生态文明组、生态文明户的实施意见》，在全村 22 个组开展生态文明建设。生态文明教育、生态文明宣传、生态农业科技、生态文化体系等系列生态文明建设活动全面开展。大梨树村以“绿水青山就是金山银山”理念与“绿水青山”向“金山银山”转化为载体，以生态农业和新农村建设为出发点，大力发展生态旅游，在思想和行动上扎实落实“三个”转变，形成与生态文明建设要求相适应的产业结构、增长方式、消费模式和循环经济链条，不断完善以集体为主体带动村民共同致富的经营机制，促进了生态产品市场供给的有效性。在生态环境治理制度方面，大梨树村不断提升环境治理技术水平，加大生态环保资金投入力度，制定《村庄环境整治生态建设方案》，有效地保障了大梨树村生态环境保护制度的实施，形成并逐

渐完善了农村环境治理体制。在绿色发展和惠民制度方面，大梨树村党委建立了新时代文明实践站，成立了文明旅游、扶贫帮困等 6 支志愿服务队，推进新时代生态文明建设实践活动，村居民认真遵守村规民约，努力将生态文明理念变为自觉意识和行动，积极营造文明和谐的绿色生活氛围。

三、工作成效

（一）生态环境整体持续改善

大梨树村始终坚持“以人为本、生态兴村”的发展理念，多措并举，通过多年的环境保护和生态建设，村域生态环境持续改善，水、空气、生态环境质量整体保持稳中趋好态势。2018 年，大梨树村所在的凤城市辖区地表水环境质量为优，地表水各项指标年均值均达到Ⅲ类水质标准；环境空气质量优良天数比例为 93.7%。大梨树村每年投资 50 余万元，植树种草，绿化村庄。建成草坪 2 万平方米，栽植绿化树木 5 万多株，路边、河边绿化带长 60 千米，街巷绿化带长 5 千米，绿化面积 6 000 平方米，宜林荒山绿化率达 90%，公路两侧荒山坡面绿化率达 98%，森林覆盖率达 80%，在中国名村评选中“绿色指数”名列前茅。

（二）“绿水青山”向“金山银山”转化模式更具特色

大梨树村按照新农村建设五条要求和“生态兴村、全面协调”的发展思路，推进产业协调发展，集体经济与民营经济双轮齐转，村民人均纯收入达 2.2 万元。大梨树村大力优化农业结构，着重建设以五味子种植为重点的特色农业示范基地，培育五种子种植核心区，形成全国最大的“辽五味”种植基地，总面积达 1 万亩，年产五味子干品 1 500 吨，收入超 2 000 万元。发展平地水果 3 000 亩，年产水果 200 万斤。吸纳农村劳动力 1 200 人，增加农户收入 1.5 万元。打造十余种生态文化和产品品牌，形成“双万亩”果园春赏花、秋摘果的特色旅游品牌，优化“干”字文化主题教育精品路线，全年旅游总收入 3 690 万元。

五味子晾晒场

（三）公众满意度不断稳步提升

大梨树村坚持生态发展，十分重视生态文明教育。村委会引导人们树立开发利用与科学保护生态资源相结合的生态理念，开展具有当地特色的生态文明培训活动，涌现了一批生态文明户，并在全村推广，促使全体村民自觉养成健康、文明、科学、节俭的生活方式。结合大梨树发展事迹，从小培养学生的生态观，爱家乡、护家乡蔚然成风。利用多种形式大力宣传“绿水青山就是金山银山”理念，推进生态文明建设行稳致远，达到保一方生态、活一方经济、富一方百姓、促一方和谐的目的，不断增强生态文明村的知名度和美誉度。村民对居住环境、生态保护、社会治安状况和民主管理的满意度达到 95% 以上。

四、经验启示

大梨树村紧紧围绕“以人为本、生态立村、农业稳村、旅游兴村、文化塑村”战略定位，坚持走“绿水青山就是金山银山”生态发展之路，唱响“开放曲”、打好“绿色牌”。

（一）抓基础、重实干、生态环境景区化

大梨树村持续加大生态环境保护和修复力度，重点实施治山治水、绿色农业推广、污染防治、基础设施建设、创建舒适宜居环境五项工程。

（二）抓传统、重特色、生态文化品牌化

大梨树村坚持传统文化保护与特色文化培育相结合，形成历史文化、中医药文化、养生文化、“干”字文化、红色旅游文化、民俗文化、乡土文化、田园文化八大特色生态文化品牌。

（三）抓规划、重协调、生态产业规模化

大梨树村按照“生态立村、农业稳村、旅游兴村”的发展思路，大力发展绿色农业，构建“山上基地山下园”的农业产业新格局，打造生态经济型、生态景观型和生态园林型的乡村旅游新模式。

（四）抓培育、重联动、生态教育常态化

制定村庄环境整治生态建设方案，把生态文明教育与村规民约教育和学生品德教育相结合，积极开展生态文明旅游劝导活动。

经过 30 多年的苦干、实干加巧干，全村生态环境整体持续改善、“绿水青山”向“金山银山”转化的模式更具特色、生态文明体制机制不断完善、公众满意度稳步提升，实现了生态保护和经济发展的双赢，把“绿水青山”真正变成“金山银山”，可以为其他类似的资源禀赋地区提供借鉴和示范。

案例十二

青山深处有参宝 悉心浇灌变成金

吉林省集安市清河镇清河村

一、背景情况

清河村位于吉林省集安市清河镇，地处长白山南麓、鸭绿江中游，面积 12 平方千米，平均海拔 417 米。全村共有 5 个居民组，村民 318 户 1 141 人。近年来，清河村深入贯彻习近平生态文明思想，牢固树立“绿水青山就是金山银山”发展理念，以打造人参全产业链为重点，推动上下游产业提质扩容，逐步走出一条生态延伸型的“绿水青山就是金山银山”发展之路。清河村作为国家人参特色小镇、吉林省人参特色小镇镇区所在地，成功创建了全国最大的野山参交易市场，培育出了“清河野山参”这一国家地理标志保护产品，先后荣获“全国科普惠农兴村先进单位”“吉林省电子商务示范村”等称号，逐渐从一个偏僻的小山村发展成远近闻名的生态村、产业村、小康村。2019 年，村集体经济收入突破 300 万元，人均可支配收入达到 24 000 元。

二、主要做法

一直以来，清河村围绕丰富的生态资源，坚持以绿色、可持续发展为根本遵循，探索实践人参种植“上山下田”三步走，做大做强“生态延伸型”产业链，推动经济社会高质量、高效益发展。

（一）护好“绿水青山”，精心描绘生态底色

1. 伐林种参。清河村原名小荒沟，因耕种土地贫瘠而得名。20 世纪六七十年代，全村 1 000 多口人仅靠人均不到 1.5 亩的薄地艰难度日。80 年代初，清河村依托丰富的山林资源，集资办起了集体参场，人参种植规模从 2 000 亩逐步发展到 6 000 亩，村民的钱包渐渐鼓了起来。然而，人参自然生长缓慢，随着采挖过于频繁，野生资源变得非常稀少。人工栽培人参需要的是土地肥沃、富含腐殖质的山林。然而，参农们沿袭着祖辈传承的种参方式，砍伐林木、破坏植被，使得原本郁郁葱葱的青山，或斑斑驳驳，或水土流失，毁林种参破坏生态问题日益凸显。

万亩林下参种植基地

2. 林下种参。20 世纪 90 年代初，随着人参种植面积持续扩大，可用林地资源逐渐减少，清河人认识到“吃子孙饭”的路子走不宽，更走不长远。于是，一部分村民先行先试，变伐林为护林，将人参籽播撒到林下，使其在野生环境下自然生长 20 年以上。由于得天独厚

的生态条件，清河村所产的林下参品质与野山参极为接近，价格也从100元/斤左右提高到1 000元/颗。2019年，“清河野山参节”单颗“参王”拍卖价格更是达到了328万元。目前，清河村林下参种植面积达到6 600亩，鲜人参年产量320吨，在山人参价值30亿元以上。

3. 非林地种参。2000年以后，随着市场逐步打开，人参供不应求，清河村探索创新，在全国率先破解了非林地种参技术难题，实现了人参种植由林地向农田、由粗放式向标准化的转变，从根本上改变了我国将近两千年“伐林种参”的种植方式，既有效化解了林参矛盾，又在保护了生态环境的前提下保证了人参的品质，为人参产业可持续发展闯出了一条新路。目前，清河村非林地人参规模达到1 000亩，其中中国良好农业规范（Good Agricultural Practice，GAP）生产示范基地200亩、良种繁育保护基地50亩。

清河村农田参种植基地

（二）延伸产业链条，变“绿水青山”为“金山银山”

1. 打造拳头型市场品牌。自1996年起，清河村累计投资5 000余万元，建设了占地面积 1.2 万平方米、建筑面积 8 110 平方米的人参交易市场。经过 20 余年的发展，形成了集水参、参籽、成品参、中小药材、农特产品为一体的综合性交易市场，是“全国十大中药材市场”之一、全国最大的野山参交易集散地。2019 年，人参市场交易量 35 吨，交易额突破 29 亿元。在此基础上，清河村又通过招商引资，引进了江苏澳洋集团，建设了总投资 5 亿元的中国 · 清河（澳洋）野山参国际交易中心，占地面积 7.2 万平方米，目前已投入使用。

人参生产加工车间

2. 壮大示范性龙头企业。为改变单纯种人参、卖原料的被动局面，清河村紧紧抓住生产加工这一关键环节，引进培育了骨干龙头企业，不断提高加工转化能力，逐步形成了“以企业带基地，以加工促产业”的经营体系，最大限度地提高了人参产品附加值。目前，全村人参生产加工企业发展到 35 家，其中龙头企业 3 家，人参总加工能力 4 500 吨，已开发出人参药品、食品、保健品、化妆品等各类产品 100 余种，实现了人参从根到茎、叶、花、果的全株利用。

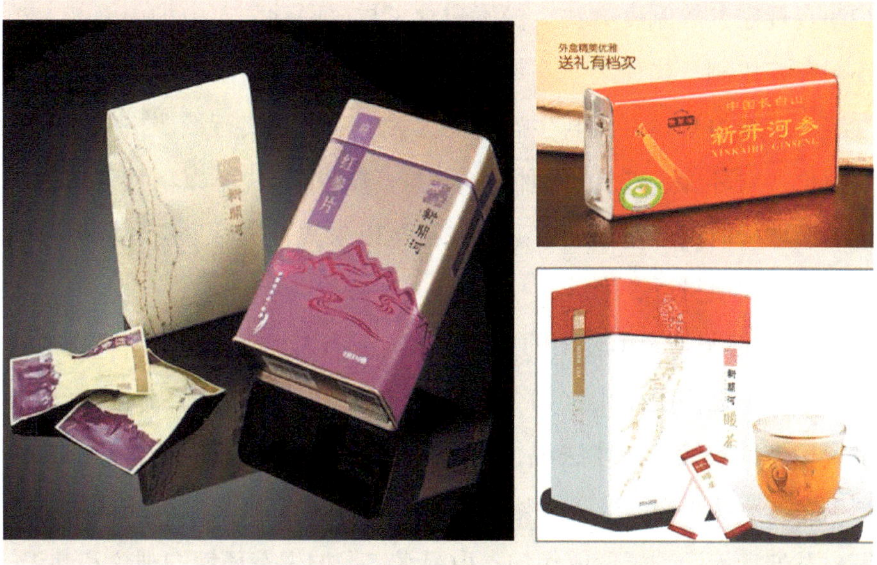

人参系列产品

3. 培育多点式市场主体。人参交易市场的繁荣带动了全村人参产业的发展，同时也促进了第三产业的快速发展。目前，餐饮、服务业企业发展到187家，带动就业1 500余人，第三产业实现收入1.35亿元。随着电商产业发展，往日的“参把头”变成了“店小二”，全村57%的参农办起了电商网店，26%的经营业户开始了直播带货，“百草之王”人参搭上了网络快车，走出了大山，与世界接轨，清河村的人参销往国内外市场。2019年，清河村荣获“吉林省电子商务示范村”称号。

（三）完善体制机制，推动生态文明建设水平不断提升

1. 始终坚守“靠山吃山”的理念。丰富多样的生态资源是清河村绿色发展的最大资本。实践已经证明，清河村的优势是生态、潜力在生态、出路靠生态，只有深入践行习近平生态文明思想，深入推进“绿水青山就是金山银山”理论实践创新，加快转化生态资源，才能走出一条质量更高、效益更好、结构更优的绿色可持续发展之路，清河村举生态旗、打生态牌、走生态路的发展思路从未改变。

2. 坚持完善管山护山的制度。清河村制定了《清河村生态环境保护职责规定》等制度办法，探索建立了村民联动、巡山护山等 8 大类环保管控机制，构建起“一刻不松”的监管体系。全面划定生态保护红线，红线内禁止开发与生态保护无关的项目。实行最严格的环境影响评价，对环保、能耗不达标的项目一律否决，决不以牺牲环境为代价去换取一时的经济增长，“十二五”以来共否决对生态环境有负面影响的重大项目近 5 个。

3. 始终坚持亲山爱山的传统文化。清河人祖祖辈辈生活在青山绿水间，亲山近山更爱山，如今的清河村制定了村规民约，大力宣传环境保护方针政策、法律法规，布设一批生态建设公益广告，深入开展“生态文明从干净人家美丽庭院做起”“保护生态环境争做文明村民”等一系列宣传活动，形成保护青山绿水、保护生态环境的观念和共识，上至“拄棍的”、下至“懂事的”，人人爱环保、人人护绿色。

三、工作成效

多年来，清河村始终秉承生态发展理念，坚持把生态建设与经济发展放到同等重要的位置考量、同步推进，既要金山银山，更要绿水青山，着力打造望得见山、看得见水、记得住乡愁的美丽乡村。

1. “那片山”更加苍翠。多年来，清河村随着林下经济发展，持续加强林业资源管理，坚持“种育管护”齐抓共举，先后组织开展“绿盾行动”“矿山复绿”等行动，实现了从“砍树”向“栽树”的转变。30 余年来，累计植树造林 1.17 万亩，森林覆盖率达到 83.8%。空气环境质量保持在国家二级标准，年空气质量优良天数超过 330 天。

2. “那条河”更加清澈。全面开展“污水革命”，投资 6 900 万元，建设日处理 5 000 吨污水的处理厂 1 座，2020 年年底前投入使用。全面开展“垃圾革命”，建设垃圾高温裂解站 1 座，通过户分类、村收集、镇处理模式，对垃圾进行统一处理，妥善解决了农村生活垃圾“老大难”问题。同时，每年投入 186 万元，聘用专业的环卫企业，进行统一保洁，实现环卫一体化。全面推进“厕所革命”，投资 30 余万元，改造农村厕所 89 座。目前，村域内河流水质均达到地表水Ⅱ类标准，人均占有水资源量 7 000 立方米以上，是全国平均水平的 3 倍。

3. “那乡愁”更加浓郁。按照“不求做大，但求做精、做美、做特”的原则，以农村人居环境整治为突破，全力打造生态宜居新农村。三年累计投资 7 800 万元，以江南风格为主基调，统一建设了仿古围墙、仿实木大门等基础设施，完善了广场、边沟、花池等设施。按照“宜绿则绿、宜景则景、绿景相融”原则，三年累计投资 137 万元，栽植绿化树木 1.1 万棵，种植花卉 50 余万株，创建美丽庭院 50 户。投资 4 000 万元，新建乡村公园 2 座。

人居环境改善后的村头一角

四、经验启示

近年来，清河村牢固树立“绿水青山就是金山银山”发展理念，以打造人参全产业链条为重点，探索发展出“生态延伸型”新业态、新模式、新路径，推动一二三产业融合发展。经验启示主要有以下三方面。

1. 坚持以习近平生态文明思想为引领。清河村牢固树立“绿水青山就是金山银山”发展理念，使生态建设与经济发展互促共进、互为补充、互相依存，从而实现了生态保护良好、经济快速发展，人居环境明显改善、百姓生活富足。

2. 坚持因地制宜发展生态产业。清河村的实践证明，山区县的资源在生态、潜力在生态，山区县的发展完全可以既要金山银山，更要绿水青山，从而走出一条通过优化生态环境带动经济发展的全新道路。

3. 坚持生态发展成果惠民利民。清河村利用生态更保护生态，特别是对于垃圾、污水、人居环境问题等与生产生活相关的内容，在调动农民群众的积极性、主动性、创造性基础上，积极引导广大农民参加美丽乡村建设，形成了全村共参与、上下共建设的生动画面，实现了因“绿”转化、因“绿”转型、因“绿”转身。

第二篇

华东地区

案例一

践行“绿水青山就是金山银山”理念建设美丽村居

江苏省盐城市盐都区大纵湖镇三官村

一、背景情况

三官村地处江苏省盐城市盐都区大纵湖镇，南傍125省道，西邻231省道，与国家4A级旅游景区大纵湖旅游度假区毗邻，全村总面积6 100亩，耕地面积3 960亩，共有4个自然村、987户，常住人口3 257人。2018年实现村集体收入9 970万元，农民人均纯收入3万元。

三官村鸟瞰

近年来，三官村牢固树立“绿水青山就是金山银山”的绿色发展理念，围绕建设生态三官村、美丽三官村、幸福三官村的目标，全面守护“绿水青山”，持续建设美丽山水，积极探索“绿水青山”向“金山银山”转化的有效路径。先后获得“中国乡村旅游模范村”“江苏省五星级乡村旅游区”“江苏省最具人气乡村旅游村”“江苏省水美乡村”“江苏省社会主义新农村建设先进村”“江苏省乡村振兴旅游富民先进村”“城乡统筹示范村”“江苏省创业型示范村”“江苏省文明村”“江苏省卫生村”“江苏省‘一村一品一店’示范村”以及“江苏省农村环境整治示范村”等荣誉称号。

二、主要做法

（一）坚持“山水林田湖草沙是生命共同体”整体系统观，守护美丽生态乡村

贯彻绿色发展理念，强力推进生态环境保护工作，为守护“绿水青山”夯实基础。

三官村村民集中居住点

1. 积极推进水利生态保护工程建设，实施河道疏浚工程，加强河道沿线堤防生态功能保护、生态防护林建设和湿地生态系统建设以及污水处理设施和纳管配套建设。

2. 扎实推进城乡垃圾源头减量和资源化利用工作。

3. 全面推广农业清洁生产，推进化肥、农药使用减量工程。

4. 加强居住区基础设施建设。通过实施水产段道路巷道提升硬化，改善村民出行条件；通过新建垃圾池、大官和南官停车场以及实施绿化造林工程，美化人居环境，加快新型社区建设。

（二）坚持“绿水青山就是金山银山”的绿色发展观，让生态福利惠及全区百姓

通过“民俗＋旅游”的发展方式，三官村努力将“绿水青山”变为群众增收致富的“金山银山”。将龙舞文化、水乡婚庆民俗文化和以鱼鹰捕鱼为代表的渔耕文化打造成三大特色文化类旅游产品，结合明清风格的古村风光，打造出独一无二的水美乡村。

三官村积极探索“旅游＋农业”模式，将美丽乡村建设与生态旅游、整村脱贫有机结合，引进企业大力培育乡村生态旅游，为村民拓宽发家致富新路径。重点打造和推广三官农庄、七星现代化农场等乡村旅游项目。

充分利用河网密布、无工业污染的生态优势，放大毗邻大纵湖国家 4A 级旅游景区的区位优势，深层次挖掘里下河特色文化资源，大力吸引民间资本，不断丰富乡村旅游产品。建成集休闲娱乐、农事体验、水乡美食等于一体的三官农庄，推出以婚庆展示为主的水乡民俗类、以龙舞表演为主的龙舞文化类和以鱼鹰捕鱼为主的渔耕文化类旅游产品。

三官村每年通过举办里下河水乡民俗婚庆展示、中国盐城龙舞争霸赛以及大纵湖螃蟹美食节、帐篷节等一系列主题活动，吸引了众多游客观光旅游，不断提升旅游品牌影响力，壮大了集体经济实力。

三官村水上婚礼

（三）坚持“用最严格制度最严密法治保护生态环境”的法治观，为生态环境保护提供制度保障

三官村坚持把创新体制机制作为生态保护的生命线，让生态福利惠及全区百姓。

1. 加强队伍建设。三官村认真开展“双向承诺”，将年度工作目标任务向镇党委和本村党员群众公开，并承诺主动接受上级和党员、群众监督。加强党风廉政和作风效能建设，形成“靠制度管人、用制度办事”的长效管理机制。对工程招标、土地流转、干部任用、党员发展、三资管理等严格按“四议四公开一监督”的工作方法阳光透明操作。

2. 做好产业经济规划。招商引资、筑巢引凤，三官村完善配套设施，加大土地流转力度，引进高效农业项目，完善了七星现代化农场、开心农场（采摘园）、三官农庄的配套设施；坚持农旅融合发展，用足用好资源优势，培育富民特色产业，增加农民工资性收入，保证村集体经济健康平稳发展。

3. 建立健全环境经济政策体系。三官村建立了与污染物总量挂钩的财政政策；推进绿色金融政策改革，动员和鼓励更多社会资本投入绿色产业，大力发展绿色信贷，引导金融机构加大对绿色经济的融资支持；严格落实差别化的环境价格政策，实施差别化电价、水价、气价；开展新、改、扩建项目排污权有偿取得，逐步实现现有排污单位排污权有偿取得，加快推进排污权交易，进一步完善排污权有偿使用和交易管理体系。

三、工作成效

（一）环境综合整治全面提升

三官村实现了村污水处理设施全覆盖，污水处理率达到85%。生活垃圾分类设施覆盖率达到70%，生活垃圾无害化处理率达到98%。到2020年，化肥施用量较“十二五”末削减了5%，农药施用量实现零增长，主要农作物测土配方施肥技术推广覆盖率达到95%以上，氮肥利用率提高到40%以上，农作物病虫害统防统治覆盖率达到60%以上，秸秆综合利用率达90%以上。

（二）农旅融合发展

三官村用足用好旅游资源优势，以龙舞比赛、婚庆文化、农事体验、水乡美食等活动扩大品牌影响力，2019年带动150名村民就业，增加村民工资性收入约900万元。

放大毗邻大纵湖景区的区位优势，建成三官农庄、现代农业园、玉米人开心农场等项目，新提供268个就业岗位，人均收入3.5万元。人均年收入达3万元。发展个体农家乐11户，户均收入突破10万元，其中王发生态家园年营业额突破500万元。

四、经验启示

近年来，三官村通过强化“绿水青山”资源转化，形成了以乡村旅游为动力，以农业为支撑，以带动乡村区域发展升级为目标，统筹协调旅游发展与美丽乡村打造的区域发展新模式。

（一）坚持保护先行

把生态保护放在生态文明建设的首要位置，将其融入经济建设、政治建设、文化建设、社会建设各方面和全过程。

（二）坚持空间优化

构建定位清晰的国土空间开发体系，坚守生态保护红线，优化生态空间布局，明确生态空间的功能定位、目标任务和管理措施，推进集约宜居的城乡整合体系建设，着力绘就和谐秀美的生态画卷。如今的三官村体现了以水为魂、水绿相间、临河而居的规划理念，展现了明清时期里下河古村落风貌。依托景观绿化、人口服务、农家乐园、景观游览、村民住宅、开心农场6大功能区形成了良好的生态环境格局。

（三）坚持民生改善

坚持以人民为中心的发展思想，把改善环境质量作为改善社会民生的一项重要任务，通过发展绿色低碳循环经济、丰富生态产品、发展富民产业，推动生态环境优势转化为生态经济优势，让老百姓共享绿色发展成果。

（四）着力打造地方特色文化品牌

三官村依托现有发展基础和资源环境禀赋，通过“民俗 + 旅游”的发展方式，探索生态产品价值实现路径。通过对农耕文化和民俗文化的深度挖掘，形成了以水文化为源泉、农耕文化为基础、婚庆文化为特色的产业链，打造了一个别样的水上三官、一个有情怀的新型村落。

案例二

河有万弯多碧水
田无一垛不黄花

江苏省兴化市千垛镇

一、背景情况

兴化市千垛镇地处江苏里下河腹地，区域面积 192.8 平方千米，由原李中镇、缸顾乡和西郊镇部分区域合并而成，因千姿百态的垛田风貌而得名。境内河流纵横交错，湖荡星罗棋布，村庄环湖荡而建，依垛田而居，水域面积接近土地总面积的一半。2014 年，垛田传统农业系统被联合国粮农组织列为“全球重要农业文化遗产”。千垛镇生态资源和文化资源丰富，有世界四大花海之一的千垛花海景区、国家 4A 级旅游景区李中水上森林、徐马荒原生态湿地以及 2018 年入选中国最美乡村、创造出“东罗模式”的省级特色田园乡村东罗村。

近年来，兴化市围绕垛田这一独特的地形地貌，以被列入国家田园综合体试点为契机，致力强镇富民，大力发展生态旅游、生态农产品加工等生态产业，走出了一条“绿水青山”向“金山银山”转换的新路径。千垛田园综合体项目占地 15 000 亩，包括东旺、西旺、东罗、西罗 4 个村庄，东旺村及周边区域为其核心。项目区有垛田地貌、千垛菜花和平旺湖等景观，被划分为四大功能区，分别为农业景观区、休闲集聚区、农业生产区、生活居住区。以“千垛花海、梦里水乡”

为形象定位，重点打造垛田观光、渔村体验、互动游乐和康养度假等旅游产品，努力将项目区建设成为全球重要农业文化遗产旅游目的地、“绿水青山”向“金山银山”转换试验区、中国美丽乡村建设示范区以及绿色食品、有机农产品生产区。

世界四大花海之一——千垛花海

二、主要做法

（一）修复一湖，活水一方

位于千垛镇中部的平旺湖，保护面积 5.169 平方千米。自古以来，平旺湖湖水清澈，鱼虾鲜美，生态环境优良，分布着各类水生动植物，是各种候鸟的绝佳栖息地。20 世纪 50—70 年代，由于对粮食产量的片面追求，从平旺湖周边开始围垦，种植粮棉，形成了部分农业圩区。20 世纪 80 年代开始，为挖掘资源潜力，振兴地方经济，再一次展开了大规模的围湖运动，使湖泊功能逐步变为以养殖业为主。围垦的范围也从原来的零星分散，转变为大面积围湖，致使湖泊面积急剧减少。平旺湖周围围垦以后，破坏了原有的生态功能和自然资源。同时，由于农药、化肥、除草剂的施用以及水产养殖大量投喂饲料，湖泊普遍受到氮、磷等营养物质的污染，富营养化程度严重，生态环境质量持续恶化，曾经的宝贵资源成了发展负担。

为改善平旺湖生态环境，恢复湖区历史自然风貌，推进国家级田园综合体建设，2017 年开始，兴化市启动了平旺湖退圩还湖重点生态修复工程，通过拆除湖区圩堤，退出高密度养殖项目，规划出入湖河道，调整环湖岸线，形成大面积水面。目前，一期工程已竣工并通过验收。2021 年年底，平旺湖退圩还湖工程全面竣工后，将形成约 5 平方千米的水面，同时平旺湖周边湖荡、支流水质也将明显改善，整个湖区自然生态环境将逐步恢复到 20 世纪七八十年代的水平。

乡村环境

（二）致力富民，发展三产

千垛镇围绕垛田资源和农业特色，做大做强传统特色优势主导产业，推动一二三产业融合发展。构建有机大米、水果、垛田蔬菜、桑蚕四大产业链。

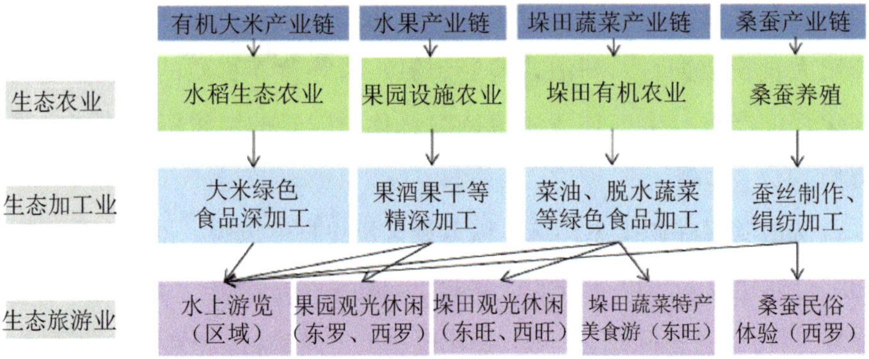

千垛镇产业链

1. 生态农业。传承垛田农业，以兴化传统垛田种植技术，延续垛菜沟鱼的有机生态种养方法，减少使用化肥、农药等可能产生污染的产品，提升蔬菜品质。依托垛田蔬菜建成有机农业片区，种植垛田油菜、垛田韭菜、垛田龙香芋、垛田香葱等，其中，垛田龙香芋还得到了央视《舌尖上的中国》节目的推介。发展特色种养，千垛镇通过发展现代设施农业、生态循环农业，引入大棚、滴灌、共养等现代农业技术，科学选种，提升了水果、大米等农产品品质，提高农业经济、生态和社会效益；建成新品种试验展示基地、专业化苗种繁育中心，提升农业科技含量。在特色种养方面千垛镇已开发了现代葡萄种植、稻蟹共养、稻虾共养、桑鸡鱼共养、现代水产养殖等项目。

乡土美食

2. 生态加工业。千垛镇基于生态农产品，延伸产业链。紧紧围绕兴化市脱水果蔬、健康食品、稻米加工三大农副产品精深加工产业集群，发展绿色大米、果酒果干、菜油、脱水蔬菜等绿色食品精深加工和蚕丝制作、绢纺加工等生态加工业。其中，以楚水绢纺、威隆食品最为典型。楚水绢纺生产的桑绵球和绢纺丝等产品，曾荣获“江苏省驰名商标”“国家免检产品”等，威隆食品专业生产脱水蔬菜、香辛料及保鲜蔬菜，实现了年销售收入过亿元。

3. 生态旅游业。千垛田园综合体区域内共有水域风光、生物景观、遗址遗迹、建筑设施、旅游商品、人文活动等各类旅游资源 70 余项。千垛镇以垛田农业生态系统为基础，结合特色田园乡村建设，保护东罗大会堂、泰山殿、百年民宅等历史古迹，传承平旺湖传说、庙会、祭祖文化等传统民俗，促进农业、文化、旅游三位一体共同发展，初步形成了千垛花海、水乡田园、亲水养生、专题旅游等系列生态旅游产品。

江苏里下河国家湿地公园（试点）

（三）创新机制，共谋发展

1. 创新经营模式。千垛镇积极壮大新型农业经营主体实力，完善农业社会化服务体系，通过土地流转、股份合作等方式促进农业适度规模经营，优化农业生产经营体系，实施果蔬种植、果林种植、高效农业等项目，增加农业效益，带动区域内农民可支配收入持续稳定增长。

2. 创新合作模式。由镇政府重点负责政策引导和规划引领，营造有利于田园综合体发展的外部环境，万科等知名企业和千垛果园、大金沟等农民合作社充分发挥在产业发展和实体运营中的作用，通过合作化、组织化等方式，实现在田园综合体发展中的收益分配、就近就业。

农民食堂

3. 引入技术力量。2019 年，成立了垛田传统农业系统院士专家工作站，旨在为兴化生态、经济、社会的发展提供强有力的人才支撑和智力保障。兴化市努力将工作站建成开展农业科技研发的平台，展示农业生态文化的窗口，将垛田传统农业系统建设成为一二三产业融合发展的示范区和农业生态文化旅游目的地。

三、工作成效

（一）打响“绿水青山就是金山银山”品牌

1.绿色产品。通过无公害农产品、绿色食品和有机食品认证，把“垛田”品牌打造成江苏省省级名牌，主打垛田有机菜油、有机韭菜、有机龙香芋、有机大米、大闸蟹、有机葡萄六大地标农产品。通过“八十八仓”等农产品平台，力推“一禾一斗”兴化大米、“青田萃”大麦若叶青汁等绿色农产品品牌。

菱藕种植

2. 特色旅游。千垛花海景区已成为世界四大花海之一、全国最美油菜花海，曾亮相美国纽约时代广场，入选《美丽中国》系列邮票，景区获得“国家级水利风景区”称号，兴化垛田被联合国评为“全球重要农业文化遗产”。此外，千垛田园综合体区域内各乡村积极创建特色平台，如国家级特色田园乡村——碧水东罗、生态旅游—餐饮—采摘—垂钓一体化的农业生态景区千垛果园、水润莲华主题休闲景区等。连续成功举办千垛菜花旅游节、万亩荷塘荷花节等重大旅游活动。

2019 年 10 月 14—16 日，“2019 新时代江苏旅游发展论坛”在千垛镇成功举办，江苏省内和长三角其他地区重要旅行商、旅游投资机构、旅游营销策划机构负责人，法国、荷兰、日本驻华旅游机构代表，省内外旅游行业专家学者以及新闻媒体代表共 300 多人齐聚兴化，分享了乡村旅游带动乡村振兴的经验成果，共商新时代江苏旅游优质发展大计。

画里乡村

3. 农业文化。千垛镇传承传统农业文化，成功举办一系列农业文化节日，如以特色民俗表演、非物质文化遗产展示为主的碧水东罗民俗节，被列入 102 个全国首届丰收节系列活动之一的江苏泰州 · 兴化碧水东罗农民丰收节。积极建设特色教育基地，东罗村结合不同时令展示农业物候，促成二十四节气研学游项目的落地，建设城乡对接、融合的教育基地。

兴化农民画展示

（二）发展生态经济

在“绿水青山”转变为“金山银山”的过程中，有效提高了民生福祉。以特色田园乡村东罗村为例，万科、兴化市政府和村集体三方通过“政府＋社会资本＋村集体”的创新合作模式，联手打造乡村振兴的样本项目——碧水东罗。邀请台湾知名农业推广团队进行品牌合作，以创意为核心，以能实现文化再生、创造品牌的经营模式推出全新的特色农业品牌形象——八十八仓。“八十八仓”取自汉字“米”的拆解，数字“8”水平放置代表无限，“八十八仓”蕴含着对美好生活的向往和对农业永续发展的期待。目前该品牌已形成四条产品线：“一禾一斗”兴化大米、“青田萃”大麦若叶青汁、非物质文化遗产桂花米酒、红膏大闸蟹，未来还将继续把兴化和全国其他地区的优质农产品入仓备货。

万旺村于2017年成立大金沟旅游服务有限公司，实施全村的土地流转，开发休闲观光农业景点，推出水润莲华主题休闲景区，投资2 000余万元，建设400亩太空莲子种植采摘基地、5 000平方米花卉立体无土栽培阳光温室、300 亩果苗繁育中心，同时还将建设农耕文化科普教育基地、乡村民宿等项目，为游客提供观光旅游、餐饮住宿、特产销售、采摘垂钓、农耕体验等服务。创新合作为生态经济提供多层次、全方位的发展平台。

“八十八仓”农产品

大棚经济

据统计，2019 年千垛菜花旅游节期间，全市共接待游客 269 万人次，比上一年增长 11.2%；实现旅游总收入 20.66 亿元，增长 13.5%。千垛田园综合体提供的直接从事旅游业的岗位 500 个，间接就业机会 1 500 个，以人均月收入 1 500 元计，仅扩大就业一项每年可为周边村民增加收入 3 600 万元。农民纯收入由 1.8 万元增加至 2.3 万元，可实现增收总额 5 000 万元，惠及村民近万人。

民 宿

四、经验启示

（一）政策扶持

为支持千垛镇等生态类乡镇保护好生态环境，心无旁骛地发展生态经济，兴化市自 2016 年开始试行、2018 年正式实施差别化考核政策，对生态类乡镇实行差别化考核，全面取消 GDP 和招商引资任务考核，《人民日报》《中国环境报》《新华日报》等媒体先后对此进行了报道。同时兴化市加大对生态类乡镇的生态补偿，市财政在现有市级各项环境保护和生态建设专项资金的基础上，加大财政性转移支付力度，促进了生态类乡镇的均衡发展。

（二）市场运作

千垛镇属于经济薄弱乡镇，凭借自身的财力和技术力量，无论是环境整治还是品牌打造，都难以为继。只有通过市场运作，引进财力雄厚的社会资本参与，才能取得实质性成效。如万科公司设计团队在参与东罗村营建过程中，为保留原生态的田园风光、原真的乡村风情、原味的历史质感，利用现有建筑、景观、空间等进行“针灸式改造”，最大限度地保留了村落的传统风貌，延续了村落的历史记忆。

（三）共享红利

共享发展红利的重点是发展产业。“东罗模式”以东罗村集体土地折价入股，政府平台公司负责基础设施建设，万科公司负责经营与管理，利用客户资源的优势，把兴化的一些特色农产品定向地、精准地营销出去，如推出的“八十八仓”品牌将本地本身质量过硬的农产品包装后销售，销量大增，解决了好产品卖不出好价钱的困境。

案例三

生态为根、文化作魂 生态保护催化文旅融合的溪头路径

浙江省丽水市龙泉市宝溪乡溪头村

一、背景情况

（一）简要概况

溪头村位于龙泉市西陲，处于浙闽边区，距市区 62 千米，辖 4 个自然村，共 678 户，2 149 人，是宝溪乡人民政府所在地，也是中国工农红军挺进师入浙第一仗的发生地。溪头村获得“浙江最美乡村”“浙江省非物质文化遗产经典旅游景区”“中国人居环境范例奖”“国家级新农村建设示范村”“国家 4A 级旅游景区”“全国生态文明村”“国家森林乡村”等诸多荣誉。

秀美溪头

（二）生态资源优势

溪头村生态文化资源丰富。一是森林资源丰富。溪头村有山林面积 10 422 亩，其中生态公益林 3 507 亩，境内植被完好，野生动植物繁多，森林覆盖率达 80.7%，林木绿化率达 81.2%，森林蓄积量达 37 433 立方米，有南方红豆杉、凹叶厚朴等国家和省级保护植物 10 余种，黑麂、黄腹角雉等国家级保护动物 20 余种等，登记在册名木古树 33 株，古树群 1 处。建有彩色森林基地 400 余亩，种植了红豆树、红豆杉、南酸枣等乡土珍贵树种。二是青瓷龙窑文化悠久。宝溪乡瓷土资源丰富，文化底蕴深厚，至今仍在使用的清代水碓、瓷土矿场、原料加工作坊、青瓷手工作坊 10 余处，为龙泉 200 多家龙泉青瓷企业提供 60% 以上瓷土、釉土原料，成为龙泉青瓷传统烧制技艺传承保护最真实的青瓷文化生态标本。宝溪乡保存完好的 13 座古龙窑为世界上最大的青瓷古龙窑群，其中溪头村的 7 座古龙窑已被列入浙江省文物保护单位、浙江省非物质文化遗产经典旅游景区、浙江省非物质文化遗产生产性保护基地。

二、主要做法

（一）坚守一条底线，守护“绿水青山”不动摇

在 20 世纪“木头经济”时代和瓷土产业兴旺时期，溪头村也曾盗采成风，污水横流，村民的生活垃圾和瓷土厂的废水直接排入溪流，宝溪变成了“牛奶河”，村庄环境令人震惊。当浙江省委提出“千村示范、万村整治”工程之后，溪头村提出放弃以牺牲环境换取短期利益的老路，走治水、护绿、添彩的乡村发展新道路。

1. 组织“护绿添彩”行动。大力实施绿化彩化美化，加大绿化造林投入，种植红豆杉、红豆树等十余种彩色珍贵树种 260 亩，建设彩色森林 290 亩，形成“道路、河道乔木林，村庄周围护村林”的村庄绿化格局，使村庄面貌焕然一新。2018 年，溪头村成功入选“最美森林人家”。

溪头街景

2. 实施“回望百年”工程。为还原一湾清清溪流，全力推进“五水共治”工作，溪头村整改、关停各瓷土作坊，宝溪上下游均实施了河道清淤疏浚工程，整治河道近 20 千米。采集大石 1 万多吨投入宝溪，让河道恢复到百年前的自然状态。购置大量鱼苗放生，将“红白喜事放尾鱼”和“护鱼护河护溪石”写入村规民约。

3. 拆出美丽田园唤醒乡愁。拆除旱厕、猪栏 30 余处 300 余平方米，清理乱堆乱放垃圾 270 余处，整治卫生死角 50 余处，拆迁 200 余栋破旧房屋超 2 万平方米。留下的空白区域，打造活水进村公园和亲水小景，融入龙窑、青瓷元素。同时，保护好古宅、水碓、老墙、木桥、古道、田园等承载乡愁的古老留存，始终将唤醒乡愁记忆贯穿于乡村复兴。

（二）抓牢两个关键点，聚力绿色发展不懈怠

溪头村按照“生态环境共享绿色、生态村貌错落有致、生态产业助农增收、生态文化古朴悠久、生态旅游兴乡富民”的思路，致力于建设一个快发展、慢生活的幸福溪头。

今夜星光灿烂

1. 放大生态优势，走出旅游富民新路子。溪头村由原先的“脏乱差”转变为污水不乱流、垃圾自觉扫、门前花满地的美丽村庄。2013年来自8个国家的11位专业建筑师，策划了“在溪头——国际竹建筑双年展”，历时三年，建筑师用最乡土的材料、最前卫的线条，在偏僻的山村建设了16栋国际化的竹建筑，既向世人展示了乡村复兴新路径，又向世界发出了溪头声音。民宿产业随之兴起，溪头村支持引导村民依托青瓷元素打造了古窑里、陌上归人等24家民宿，民宿床位超过300张，餐位超过3 000个，2019年仅古窑里一家营业额就达300万元，当地民宿产业的发展吸引了越来越多的年轻人回乡创业。

2. 传承非遗文化，展现青瓷技艺新光彩。作为近现代龙泉青瓷传承发源地、龙泉青瓷瓷土原产地，溪头村延续文脉，传承非遗文化，为了将完整的龙泉青瓷传统烧制技艺进行活态展示，于2010年将曾经断代的龙窑烧制技艺重新恢复，重燃窑火。同时积极搭建龙泉青瓷传统烧制技艺的活态展示平台——“不灭窑火”龙泉青瓷传统龙窑烧制活动，吸引了许多宝溪籍艺人纷纷回到溪头村烧制龙窑，国内外游客及陶瓷艺术人士纷纷前来交流探寻。

（三）健全三大机制，创新发展思路不停步

溪头村遵循“立足生态优势、挖掘特色文化、全民共建共享”的思路，强基础、优环境、建机制、正风气，让宝溪群众生活居住条件

得到有效提升，增强了村民的自豪感与主人翁精神。

乡村盛宴

1. 规划先行，推动项目实施。以溪头村为核心区，完成宝溪景区旅游总体规划、宝溪旅游景区策划方案等的编制，按照“一心一环五区”（一心：综合服务中心；一环：休闲游憩环线；五区：隐居竹屋休闲区、龙窑文化体验区、宝溪故事休闲区、又见炊烟度假区、生态梯田游憩区）的功能空间进行打造。同时，采用市级保障、乡级落实、村级联动的方式强势推进基础设施项目建设。

2. 凝心聚力，促进乡风文明。在一系列的自然生态修复和村庄建设行动中，溪头村“两委”坚决遵循“发展百千关，清廉第一关”的铁律，村“两委”成员绝不插手村庄工程，营造出“山青水清人也清”的村庄建设环境。采用群众参与式管理，主动邀请村民一起讨论，村民的意见建议得到了尊重和采纳，激发村民的“主人翁”意识，真正做到全民参与。联合流域内 4 个村庄，用下游村庄管理和约束上游村庄的方式，巩固生态环境保护成果；引导形成良好的乡风民俗，提倡每逢喜事放鱼的风俗。

3. 因地制宜，创新发展模式。根据不同消费群体设计不同消费模式，政府做好统一规划和引导，大力鼓励当地青瓷手艺人根据普通大众的消费水平发展家庭式作坊，游客可参与青瓷创作和烧制体验。为满足对青瓷产品要求较高的游客的需求，请青瓷大师进行创作。采用众筹烧制、开窑直播抢瓷等模式，满足广大青瓷爱好者的不同文化需求。如今，到溪头村看龙窑、玩泥巴、赏青瓷已成为村里吸引游客的一张旅游“金名片”。

三、工作成效

溪头村将优美的生态、丰富的青瓷文化、古朴的村落完美结合，使溪头村成为宝溪国家 4A 级旅游景区和宝溪省级旅游风情小镇的核心，2019 年全村年接待游客超过 18 万人次，旅游业收入超过 4 000 万元。

（一）文旅活动带动乡村舞台“火”起来

开展“厉害了我的乡村”“环浙骑游”“全国乡村春晚大集”等各类文体活动 50 多场次，让溪头村走上了农业、文化、旅游融合发展快车道。古窑活化与竹建筑也让溪头村具备了对话国际的能力，现溪头村已成为浙江省非物质文化遗产经典旅游景区，浙江省非物质文化遗产生产性保护基地。

（二）农旅产业带动乡村居民“富”起来

外出经商人员纷纷返乡创业，开办农家乐（民宿）30 家，总投资额达 1 000 余万元，全乡农家乐（民宿）达 60 家，2019 年创收 1 800 万元；青瓷产品需求量提升明显，全村开办青瓷店铺 5 家、售卖点 10 余个；茶叶、香菇、木耳、灵芝、山茶油等特产的产销量也大幅增加。引进总投资 1.4 亿元的香榧康养产业园项目，规划种植面积 3 000 亩，其中一期种植面积 1 000 亩。

（三）媒体关注带动乡村名片“亮”起来

通过景区创建，宝溪乡、溪头村的知名度、美誉度不断提升，吸引了中央、省、市各级媒体的广泛关注，尤其是 2018 年五一期间，央视新闻频道（CCTV-13）对陈家窑开窑活动进行了时长 8 分钟的现场直播，吸引大量游客前来旅游观光。

开窑啦

四、经验启示

当前龙泉市的全域旅游进入“村”时代，龙泉市宝溪乡溪头村的宝贵经验在于：结合自身优势和实际，通过文旅融合、农旅融合等方式，充分发挥了生态系统的文化服务功能，并反哺推进生态保护，溪头村的经验是当前乡村产业兴旺、文化兴盛的典型样本。

（一）开展人心生态建设

“要一村好风景，更要一村好良心”，溪头村将人心生态建设融入村庄建设。遵循“共建、共治、共富、共享”理念，把发展要做的事变成群众想做的事，把村干部要干的事变成群众想干的事，让全民参与到建设、日常维护和政策制定之中，增强村民认同感，推进村落建设、公共服务、生态环境保护等一体化体系建设，在绿色发展过程中让大多数人都能参与治理、共同受益，形成利益共同体。

（二）强化自我“造血”功能

发展道路千万条，生态保护第一条。必须培育和拓展以生态保护为基础的绿色产业，产业应具有一定的技术含量、稳定的供求关系和价格并应为其提供金融服务等支持，使受到保护和得到恢复的生态价值能在市场上稳定地增值变现，体现自我“造血”功能。

（三）打造文化基因工程

深入挖掘溪头村红色基因、传统文化基因。结合当地实际，建构起基于本乡本土文化的绿色文化体系。以文化复兴带动产业发展，吸引外出人员返乡创业，传承传统文化。

（四）引进各界鲜活力量

乡村绿色振兴需要现代化的理念、技术、人才、金融支持等，这些都离不开党委、政府的政策设计和方向引领，离不开社会组织、团体以及乡贤等各方面力量的协同配合和广泛支持，只有内外协同、合作共建，才能在某一方面率先突破、赢得发展先机。

秀美溪头

案例四

诗画水畈绘就“绿水青山就是金山银山”实践最美乡村

安徽省安庆市岳西县菖蒲镇水畈村

一、背景情况

菖蒲镇水畈村位于岳西县东南边陲、风景秀丽的天仙河北岸，总面积12.8平方千米，辖20个村民组，582户2 206人。水畈村坚持“绿水青山就是金山银山”理念，坚定不移实施生态发展战略，在守住好山好水好生态的同时，积极探索“绿水青山”转化为“金山银山”实践路径，“点绿成金”、生态富民，诗画水畈绘就“绿水青山就是金山银山”实践最美乡村。先后荣获“中国十大最美乡村”“国家级生态村”“全国茶叶标准园”“安徽省宜居村庄”“安徽省森林村庄”“安徽省休闲农业与乡村旅游示范点”“安徽省‘一村一品’建设示范村”等称号。

水畈村是岳西县近年来践行“绿水青山就是金山银山”理论、推进绿色发展的一个缩影。岳西是这个位于大别山腹地的天然花园、绿色氧吧，在实践创新中走出了一条“绿水青山”和“金山银山”共生之路、转化之路、统一之路，不断探索出绿色银行、生态延伸、生态惠益等“绿水青山”向“金山银山”转化的路径，努力打造安徽生态文明建设样板——岳西模式，是全国唯一一个同时获得“国家生态文明建设示范县”“全国‘绿水青山就是金山银山’实践创新基地”“中国生态文明奖先进集体”和“中国生态文明奖先进个人”称号的县。

天峡春景

二、主要做法

（一）立足“三个坚持”，厚植生态优势，呵护“绿水青山”

水畈村历来重视生态保护，厚植生态优势，不断改善生态环境质量。一是坚持生态保护。坚持规划先行、生态优先，依托“青山绿水”，挖掘红色文化、农耕文化和民俗风情，大力开展植树造林、村庄绿化美化和护绿行动，并安排公益岗位人员参与监督，将农田、果园、森林等特色景观连成一体，构建乡村绿网和优美绿色生态景观，绿化率达 89.9%，建成安徽省森林村庄。二是坚持“三变”改革。将百姓撂荒的地进行流转，建成 1 960 亩茶园、100 亩东门山特色果园、崔冲 60 亩丑橘园，既带动村集体经济增收，又提高了农民收入，把生态环境优势转化为生态经济优势，实现民富地美。三是坚持以人为本。结合农村人居环境整治，推进农村生活垃圾治理，开展非正规垃圾堆放点排查整治，重点整治房前屋后及河沟垃圾；对农户危旧废弃房屋圈舍、违法建筑进行拆除，对拆除后的宅基地进行绿化、美化；加强农村生活污水治理，以房前屋后河塘沟渠为重点实施清淤疏浚，采取综合措施恢复水生态环境，不断提升村庄生态景观质量。

昔日的水畈村“靠山吃山”，过度采伐树木导致生态环境遭到破坏，水土流失严重。近年来，岳西县坚持以“两长制”为抓手，全面建立县、乡、村三级责任体系，推动“山上的问题山下治、水中的问题岸上治”。水畈村发挥林长、河长制作用，保护生态屏障，栽管并重添绿色，真正实现了从“上山砍树不温饱、下河捕鱼来果腹”到“上山能脱贫，下山能致富”，在破解人与自然矛盾的过程中找到了共生之路，还打造了绿色银行模式，保值增值生态产品。通过实施人工造林、封山育林、森林抚育、退化林修复，严控茯苓、天麻等高耗材产业发展，对名贵树木、映山红等特色资源实行专项保护，为打造良好的生态环境、发展生态经济奠定了坚实基础。水畈村全力筑牢绿色生态基础，增强了绿色发展的后劲。

全国十大最美乡村——水畈

（二）依托“绿水青山”，发展生态产业，铸就“金山银山”

“绿水青山就是金山银山”理论更新了人们对自然资源的传统认识，使人们认识到保护生态就是保护自然价值和增值自然资本，保护环境就是保护经济社会发展潜力和后劲。“绿水青山”和“金山银山”绝非对立的概念，而要把生态环境优势转化成经济社会发展优势，使自然禀赋变成财富资源，转化的关键在人、关键在思路。

近年来，水畈村拓宽发展思路，践行“绿水青山就是金山银山”理念、推动产业振兴、因地制宜、创业致富，从以前的贫困村变成新农村建设试点先进村。一是推进生态产业化。水畈村在生态保护中培育生态产业，并将其与实施乡村振兴战略、脱贫攻坚、美丽乡村建设有机结合起来，精心谋划、大力发展绿色生态种养业、经济林产业、林下经济、森林旅游、乡村旅游等生态产业，大力推进有机产业发展。2019 年，新建东门山特色果园 100 亩，利用山场建设野外露营基地 300 亩、荒坡种植冬桃 66.5 亩。通过特色种植，推进观光农业、休闲农业、生态农业等业态发展，把生态环境优势转化为生态农业、生态旅游等生态经济优势，实现民富地美。二是推进产业生态化。坚持“一产利用生态、二产服从生态、三产保护生态”理念，以“生态 +”为抓手，构建科技含量高、经济效益好、资源消耗低、环境污染少的产业结构和生产方式，构建现代绿色产业体系，推动绿色发展、循环发展、低碳发展。水畈村实施了“全国茶叶标准园”创建，实现了种植规模化、生产标准化、产品品牌化、经营产业化的既定目标。2019 年，拥有高标准无性系茶叶 2 240 亩；结合构建菖蒲省级现代农业示范区，建设了茶叶物联网及水肥一体化系统，实现了提质增效，推动了产业生态化发展，带动了贫困户产业脱贫。

水畈村除了打好绿色产业牌，还依托好山好水这一生态环境优势，因地制宜发展生态旅游、乡村旅游，带动整村脱贫。水畈村的茶树长出了金叶子，特色产业发展带动了体验、观光、采摘、休闲等乡村旅游和特色农产品销售。2019 年，实现接待游客 1.3 万人次，旅游收入 390 万元，农产品销售收入 47 万元，人均增收 1 980 元，“绿水青山就是金山银山”实践创新基地创建取得初步成效。

为像水畈村这样践行“绿水青山就是金山银山”理念，岳西全县因地制宜不断提高绿水青山的成色和品质，提升生态产品的供给能力和保障能力，探索生态文明建设全社会“多元参与、共建共享”模式，实现绿色发展、绿色惠民与绿色共享有机统一，为生态价值地有效实现提供了保障。也印证了岳西县从过去三产单打独斗，产业不优不强到现在创新驱动生态经济，首位产业引领发展的坚持与努力，在破解发展与保护对立困局的过程中找到转化之路，最终打造生态延伸模式，推动了生态优势转化为区域经济发展优势。发展的动力源于创新，岳西县凭借良好的生态环境，全力打造大健康、大数据百亿级首位产业，发展循环经济、绿色经济、生态经济，全面推进低碳发展。2019 年，岳西县农村居民可支配收入 11676 元，是 2010 年农民人均纯收入 3 600 元的 3.24 倍，人民幸福指数不断提升。

（三）创新体制机制，激发经济红利，共享“金山银山”

“绿水青山”加快转化为“金山银山”。在发展的方向上，坚持经济生态化、生态经济化，不仅能够保障良好的生态环境，还能够实现生产发展、生活富裕和生态优美的美好愿景。

有机桑枝木耳种植

水畈村创新思维，在生态产业培育上做“加法”、在规划配置资源上做“减法”、在创新绿色发展上做“乘法”、在生态环境问题上做“除法”。走出一条经济与生态相辅相成、相得益彰的新路子，实现绿水青山的价值。党的十八大以来，水畈村不断丰富生态文明建设和“绿水青山就是金山银山”理论的内涵和外延，进一步加快“绿水青山”向“金山银山”转化，实现可持续发展，逐步把水畈村从昔日的穷山恶水、封闭落后变为漫山翠绿、鸟语花香、文明富裕、水清气洁、经济与生态保护协调发展的美丽乡村，促进了全村经济的快速健康发展，带动了贫困户增收，有力助推了脱贫攻坚工作。水畈村的发展是整个岳西县发展的缩影，岳西县将基础设施建设作为践行“绿水青山就是金山银山”理论的先决条件，把城乡一体化作为推动经济社会发展的重点，成为全省首个以绿色金融 PPP 模式推进城乡环卫一体化，首个创成全国“四好农村路”示范县；率先在全国开展国家级自然保护区建设、集中式饮用水源地保护、县级水生态补偿试点，探索出了行之有效的生态补偿资金支出或收益使用方式；大力发展农村电商，荣获“中国电商示范百佳县”称号，打通了岳西“绿水青山”向“金山银山”转化的主动脉，补齐了广大农村发展短板，在破解短板和失衡的突出矛盾中找到统一之路，打造生态惠益模式，推动生态利民、生态为民。

全国三十座最美茶园之一——石佛有机茶园

岳西像水畈村这样的“绿水青山”向“金山银山”转化典型案例还有许多。小桑枝两度“变废为宝”，“桑—蚕—菌—燃料”循环出一个绿色大产业的思远农业；依托生态优势，盘活“林”，治活“水”，发展生态农业，形成“一茶一棚山水间，一村一社春满园”的新浒模式；运用“‘绿水青山就是金山银山’理论＋”模式，探索绿色发展路径，谱写了让家园变花园、让田园变果园、让庄园变乐园的“世外荀园”三部曲的王畈村；将大别山区生物多样性保护与减贫开发相结合，通过生态补偿、以生物多样性保护为导向的减贫示范，探索保护和发展双赢的最美茶园、中国有机农业摇篮——鹞落坪有机茶园。这些绿色发展的样本，正是岳西“绿水青山就是金山银山”实践创新的生动体现。

三、工作成效

（一）生态环境质量不断提高

2019 年，水畈村庄绿化率为 65%，森林覆盖率达 89.9%，环境质量位居全县前列。2019 年，岳西创成国家生态文明建设示范县、“绿水青山就是金山银山”实践创新基地，创建经验在全国进行了交流。县域 $PM_{2.5}$ 浓度常年低于 25 微克 / 米 ^{3}，空气质量优良率保持在 90% 以上，出境断面水质优于地表水Ⅱ类标准，生态环境状况指数全省前列，生态环境公众满意度连续三年逐年上升。

（二）生态经济实力不断增强

2019 年，水畈村旅游收入 437 万元。通过土地、山场流转和“三变改革”，加快了绿色产业发展，实现年种植收入 1 117 万元，人均增收 5 063 元。全县地区生产总值增长 7.8%；城镇居民、农村居民人均可支配收入分别增长 9.0%、10.2%，居民储蓄存款余额人均超过 3 万元。岳西县先后荣获“全国科技进步先进县“ “全国双拥模范县”“全国休闲农业和乡村旅游示范县”“中国金融生态县”“安徽省森林城市”“安徽省循环经济示范县”等称号。

（三）人民幸福指数不断提升

2018 年 8 月 8 日，经国务院扶贫开发领导小组评估和省政府批准，岳西在全省率先高质量退出国家扶贫开发工作重点县。入选全国贫困县摘帽典型案例县和 2018 年度安徽十大新闻，吸引了全国 66 批次党政代表团来岳西学习考察，为贫困地区脱贫摘帽提供了可供借鉴的“岳西模式”。

温泉特色小镇

四、经验启示

（一）“组织领导”是保障

深入开展习近平生态文明思想和“绿水青山就是金山银山”理论学习教育，出台《中共岳西县委关于深入贯彻落实党的十九大精神决胜脱贫攻坚和全面小康开创现代化美好岳西新局面的实施意见》，成立“绿水青山就是金山银山”实践创新基地建设工作领导小组，把生态文明建设和“绿水青山就是金山银山”实践创新基地建设摆在突出位置来抓，县人大加强了对生态文明建设的执法检查和对环境保护工作检查指导，县政协积极开展创建工作的民主监督和建言献策，县“绿水青山就是金山银山”办公室做好综合协调，各单位发挥职能作用，社会各界积极参与，突出乡镇、村主体，不断深化对“绿水青山就是金山银山”实践创新基地建设的共识。

（二）“规划先导”是支撑

科学规划是航标，坚持以规划为引领、以政策为驱动的工作思路，切实抓好规划、政策的编制实施。在严格落实《安徽省主体功能区规划》要求的基础上，先后组织编制了《岳西县国家生态文明建设示范县规划》《岳西县有机产业发展规划》《岳西县生物多样性保护行动计划》《岳西县美好乡村示范县建设规划》和大健康、大数据、大旅游相关产业发展等专项生态规划，形成一套较为完整的生态环保规划体系，并配套出台了生态文明建设、污染防治、环境整治等数十个政策文件，为岳西县绿色发展及时提供了理论依据和政策支撑。

（三）“党政同责”是关键

出台《岳西县生态环境保护工作职责（试行）》《岳西县党政领导干部生态环境损害责任追究实施办法（试行）》，构建环境保护“党政同责、一岗双责、失职追责”的完整责任链条。将生态环境保护纳入党政领导班子和领导干部个人的综合考核以及乡镇目标、县直绩效考核，实行“一票否决”，实现生态差异化考核。建立县、乡、村三级“绿水青山就是金山银山”成效的监督评估机制，确保“绿水青山就是金山银山”实践创新基地建设出成效、见实效。

（四）“绿色发展”是要义

要将“绿色发展”举措融入生产发展的全过程，筑牢生态屏障，发展绿色经济，全力推进资源全面节约和循环利用。探索生态延伸模式，推动生态优势转化为区域经济发展优势，大力将大健康、大旅游和大数据三大主要发展产业向生态禀赋优的乡村延伸，实现经济高质量发展，不断提升群众的获得感和幸福感。

（五）“共建共享”是本质

践行“绿水青山就是金山银山”理论和建设生态文明要坚持以人民为中心的思想，充分发动群众、依靠群众，重点解决损害群众健康的突出环境问题，让良好的生活环境惠及全体人民。实施民生工程，把实惠真正落在百姓的身上，才能让美丽事业更多更公平地惠及县域，让美丽事业美到百姓的心坎里，不断谱写岳西县民生幸福新篇章。

案例五

探索“绿水青山”向“金山银山”转化路径 推动美丽乡村建设变“输血”为“造血”

安徽省宣城市旌德县三溪镇路西村

一、背景情况

旌德县三溪镇路西村位于旌德县西北部，距县城高铁站 20 千米，紧临 205 国道，交通便捷，地理位置优越。村域面积 10.8 平方千米，辖 10 个自然村、14 个村民组，共 451 户 1 582 人。路西村风景秀丽，依山傍水，徽水河、麟溪河穿村而过；拥有全县独一无二的千年古竹埂及 200 余棵古树群落；西山洞原始森林内大树参天、流水潺潺，瀑布重叠；空中茶园郁郁葱葱，尽显山顶水墨风骚；滨河公园绿草茵茵，风光独特；徽水廊桥古朴典雅、“景”上添花。

近年来，路西村始终坚持“绿水青山就是金山银山”的发展理念，积极探索“生态 +”系列改革创新模式，逐步探索走出一条绿色发展、生态富民的新路子，成功获评国家 3A 级旅游景区、中国特色村、安徽省生态村、安徽省首批美丽乡村建设重点示范村、安徽省森林村庄等，2016 年、2017 年连续两年承办健康安徽环江淮万人自行车赛旌德站比赛，获评“安徽省优秀赛道”荣誉称号。

路西村徽水河旁生态公园

二、主要做法

（一）守护“绿水青山”，提升生态“颜值”

一是坚持以党建为引领，着力做好“党建＋美丽乡村”文章。路西村把环境保护生态建设纳入党建责任清单，全面推行林长制、河长制守护绿水青山资源，通过党组织龙头引领、党员示范带头，带动广大村民积极参与生态环保，形成了人人参与共建美丽家园的良好氛围。二是扎实开展农村环境“三大革命”。路西村完成农村卫生改厕430户，其中中心村卫生改厕120户，建造路西旅游公厕3处，全村无害化卫生厕所普及率达到98%，投入80余万元建成两处污水处理设施并持续运转正常。在此基础上，合理配置垃圾桶和清运设备，开展农村生活垃圾分类，建立日常保洁管护机制和卫生保洁长效机制，做到生活垃圾日产日清。同时，对全村河塘沟渠拉网式排查，组织专业人员进行沟渠清淤，对村内无功能建筑、废旧广告牌、农业生产废弃物进行清理。三是路西村“两委”和广大党员结合党员活动日，走村入户倡导广大村民摒弃不良行为习惯，有效地提高了群众参与人居环境整治、守护好路西村绿水青山资源的积极性与主动性。

（二）发展乡村旅游，铸就“金山银山”

一是积极做好资源文章。路西村利用现有集体林场 3 800 余亩，茶园 960 亩，打造“空中茶园”。茶园的茶叶变成了特色产品，旅游变成了主业，茶园实现了卖产品和卖风景的完美结合。在创新做好“青山”文章的同时，下好“绿水”这手棋，成功引进徽水河路西段水上漂流项目，每年村集体分红 3 万元，安排贫困就业人员 6 名，经济效益、社会效益明显。二是积极发展全域旅游。2014 年成立路西旅游发展有限公司，通过“公司 + 协会 + 农民”开办 36 家农家乐、13 户农家客栈。2019 年新建、改建民宿标间 37 间，增加床位数 80 张，由路西旅游发展有限公司统一运营，统一管理，住宿经营收入分配比例为公司 10%，村集体 10%，民宿户 80%，带动当地民宿和农家乐餐饮业的发展。三是积极推动农旅融合。投资 3.04 亿元打造路西田园综合体建设，项目分三期实施，一期位于徽水河东岸，主要工作包括王祯农业双创中心的建设、现代农业展示、路西村村庄整治工作；二期位于县道以南区域，主要开展农业产业提升和旅游休闲区域的建设；三期位于徽水河西岸，主要开展康养组团的建设。截至目前，已累计投入 4 000 万元，建成 6 000 平方米高科技智慧玻璃温室大棚和 4 690.52 平方米王祯农业双创中心，初期种植试验了 10 余种叶菜类、茄果类和功能性蔬菜，产品远销沪苏浙，为第二批省级农业科技园区。

（三）创新体制机制，保障“绿水青山”向“金山银山”转化

一是建立协调保障机制。把环境保护生态建设纳入党建责任清单，通过党组织龙头引领，党员示范带头，带动村民加入环境保护队伍中来，以党群服务中心为依托，设立路西村巡河员和护林员，组建党员志愿服务队，带领党员和贫困户做好河道巡查和林业保护等工作，健全路西村环保网格监管，进一步压实属地环保责任。二是建立宣传发

动机制。将生态文明和环境保护知识定义为村宣传教育工作的重点，强化环境宣教队伍建设，完善生态环境教育机制，利用新兴媒体手段，对发现的破坏环境行为及时进行曝光，由环境宣教队开展批评教育。同时，利用党员活动日拓展生态环境宣传活动，进一步增强村民生态环境保护意识，凝聚环境保护合力。三是建立生态产品市场化机制。路西村空中茶园原是20世纪60年代末建的老茶园，交通不便，附属茶房年久失修，已经废弃。该村整合了扶持集体经济的发展基金、茶叶产业项目资金，将茶房修葺一新，新建了1 000米的沥青道路，老茶园焕发了勃勃生机，通过公开招标，对接市场主体，茶园承包每年收益10万元，园中茶房租赁收益每年3万元。

路西村空中茶园

三、工作成效

路西村坚持绿色发展不动摇，牢固树立“绿水青山就是金山银山”的发展理念，坚定旅游强村富民的创新发展思路，将一个既没有名山大川，也没有非物质文化遗产的平凡的村落，打造成了以“绿水青山”

为主题的国家3A级景区。通过发展乡村旅游，做活“绿水青山”与“金山银山”转化的文章，路西村集体经济收入由2015年前的3万元增长到2019年底的50.2万元，只用了短短的3年时间，村集体经济收入就增长了16倍。

（一）品牌效益突出

通过空中茶园建设，打造具有吸引力和传播力的品牌项目。以空中茶园为核心，路西村将价值512万元的资产整体打包，用于旅游开发，创成国家3A级景区，委托企业运营，每年获得10万元保底收入及门票分成，每两年增长10%，实现了“看看也收钱”的新业态。

（二）社会效益良好

精心打造景区茶园、徽水河、原始森林、千年古埂、白鹭洲等原真环境，并通过美丽乡村建设，擦亮了整个路西村的生态底色。村庄建设围绕旅游思维，合理布局旅游厕所、摄影写生基地、生态停车场等基础项目，每个项目建设都注重外形景观化和旅游功能延伸化，破除了旅游必建大型服务接待中心的固化理念，由于基础设施和接待条件的改善，路西村连续两年获得“健康安徽”环江淮万人骑行大赛旌德站比赛的承办权。

路西村生态河岸

（三）综合效益喜人

2019年，路西村接待游客5.9万人次，实现旅游收入100余万元，村民收入得到提升，实现了“绿水青山”与“金山银山”的有效转换。路西村做法得到了各级领导的认可和媒体的不断关注，中央电视台新闻联播节目、中央台2套第一时间栏目、中央7套农业军事栏目、《人民日报》、安徽卫视、宣城卫视、人民网等多家媒体均对路西村进行过报道。

骑行大赛

四、经验启示

当前全域旅游进入“村”时代，三溪镇路西村结合自身优势和实际，通过发展全域旅游、农旅融合等方式，探索“绿水青山”转化为“金山银山”的有效路径。在“绿水青山就是金山银山”理论的指导下，路西将得天独厚的生态资源和田园综合体项目转化为美丽乡村建设成果，再转化为助力脱贫攻坚的旅游资源，通过与市场主体进行对接，发展乡村休闲旅游，实现村集体经济发展壮大；村民从民宿、餐饮、土产品销售以及劳务活动中不断获得收入，通过生态红利的分配产生实实在在获得感。路西村真正实现了由建设美丽乡村向经营美丽乡村的转变、由财政“输血”向自身“造血”功能的转变，真正走上了绿色可持续发展的良性循环道路。

案例六

建绿水青山南坑村 做“绿水青山就是金山银山”理论守护人

福建省龙岩市长汀县策武镇南坑村

长汀县地处福建西部，武夷山脉南麓，是客家首府，曾是中国南方红壤区水土流失最严重的地区之一。在习近平生态文明思想特别是习近平同志对长汀水土流失治理的重要批示指示精神的指引下，长汀县牢记习近平总书记“进则全胜、不进则退”的殷切嘱托，持续弘扬“滴水穿石、人一我十”的精神，持之以恒，创新举措，扎实推进水土流失精准治理、深层治理，全县水土流失治理和生态文明建设取得了显著成效，促进了产业升级、民生改善和发展转型。长汀已成为中国南方地区水土流失治理的示范样板，国家生态文明试验区的典范。

一、背景情况

策武镇南坑村地处福建省长汀县城郊，毗邻319国道。辖5个村民小组，266户，1 186人。全村有耕地面积854亩，林地面积12 467亩。南坑原为水土流失重灾村，据1999年遥感普查，全村水土流失面积达8 340亩，占该村面积的62.5%。近20年来，南坑村发扬“滴水穿石、人一我十”的精神，按照支部强、产业兴、乡村美、民风好、农民富的要求，坚持“绿水青山就是金山银山”理念，扎实推进水土流失治理与生态文明建设。从治理目标来看，南坑村治理目标从山头“由红变绿”向“让绿色变成财富”推进，打造了以果业、经济林为主体的水土保持产业；从治理的举措来看，南坑村从以减少水土流失面积为主要手段向减少与防治地质灾害推进，实施了以崩沟整治、护岸护坡为主体的造福工程；从治理战略来看，南坑村做到了生态水保与民生水保统筹推进，打造了以“草牧沼果”“生态农家小院”等森林人家、生态农家乐、生态文明新村、重要水源地保护区为主体的多种生态治理模式，注重做好“山林、农田、旅游”三篇文章，实现“生态价值、经济价值、精神价值”三位一体，使南坑村的村容村貌大变样，昔日的荒山变成了绿洲，变成了花园式的生态家园，实现了从浊水荒山向绿水青山再到金山银山的历史性转变，村民的日子越过越红火，成为了远近闻名的“银杏第一村”“党风廉政教育基地村”，先后被授予“全国文明村”“全国民主法治示范村”“全国科普惠农兴村先进单位”等称号，被列为市级美丽乡村示范村、省级乡村旅游特色村和省级森林村庄。

二、主要做法

（一）强化生态治理，打造“绿水青山”

南坑村曾经是长汀县水土流失最为严重的区域之一，1999 年水土流失面积占土地面积的 62.5%，整村岩石裸露、荒山连片、土地贫瘠，村民生产生活条件极为恶劣，“山光、水浊、地瘦、人穷”是当时生态恶化、生活贫困的真实写照。“山上没资源，人均八分田，砍柴卖草换油盐，养一头猪等过年”，曾是几代南坑村村民对家乡的共同记忆。1996 年人均纯收入不足 600 元，因此被称为“难坑”村。治穷先治荒，治理水土流失恢复绿水青山是村“两委”的首要任务。近 20 年来，在县水保、林业、环保等部门的大力支持下，南坑村持续开展营造水土保持林、实施低效林改造和封山育林等多项措施，累计治理水土流失面积8 200亩。同时，大力推广庭院养猪鸡，能源改用沼气，山上种水果，耕地烟稻菜（烟草、水稻、蔬菜轮种），形成了“猪—沼—果”生态农业模式。村民们不相信那砂石裸露的荒山能种果致富，党员干部带头在苦竹坑山上种果，在没人愿意去的山上建猪场发展“猪—沼—果”生态农业的情况下，村里成立了“凌志扶贫协会”，推广“协会＋农户”机制，为村民提供购买果树苗木、肥料、种猪等生产资金的担保，提供统一的技术服务，全村有36户发展起了“猪—沼—果”生态农业，成功让村民参与到水土流失治理中来。通过一系列水土流失治理措施，南坑村生态环境大为改善。昔日的光头山如今已是郁郁葱葱，鸟语花香，曾经的民谣“长汀哪里苦，河田加策武”变成了现在的“长汀哪里甜，策武加河田”。

（二）发展绿色产业，共享“金山银山”

在向生态要效益取得初步效果后，南坑村又从山林权流转入手，引进厦门树王银杏有限公司，建立了2 309亩的银杏生态园，通过“公司＋党员＋农户”模式，引导村民利用荒山规模种植银杏。如今，全村98%的农户在山上种了银杏、油萘等果树，全村12 000多亩山地，已开荒种果7 000多亩，其中种植银杏4 300多亩，年产值达200多万元，银杏成为农民增收致富的重要产业，南坑村也被誉为“闽西银杏第一村”。2015年村“两委”与黎天华公司合作，让其在银杏

荷塘

基地套种百合、茱萸、互叶白千层，不仅实现了水土流失治理与林下经济双赢，每年还带给参与村民10多万元的基地管理费收入，带动了贫困户增收致富。同时，村“两委”不忘继续做好“大田”文章，引进长汀县宏兴蔬菜专业合作社（远山农业），通过土地租赁、入股、互换等形式，引导农户参与生产经营，规模种植大棚蔬菜、草莓等经济作物。目前，全村建立大棚蔬菜基地50亩、草莓采摘园80亩、兰花基地10亩，发展淡水养殖130亩。其中草莓采摘售价达每公斤50元（市场价为每公斤16元），平均亩产值近3万元，走出了一条农业观光和乡村旅游发展之路。同时，南坑村还瞄准当地生态环境优势，发展农家乐休闲旅游业，不仅引进客家天地旅游公司投资5亿元开发乡村旅游项目，还鼓励党员带头发动农户积极开办农家乐。随着农家乐、餐饮、旅游休闲景观和蔬果采摘的规模发展，越来越多的游客慕名前来，摘草莓、赏银杏、休闲垂钓等已成为南坑村的旅游名片，促进了生态保护与农民增收的良性循环。如今，南坑村的荒山成了村里的“绿色银行”，全村三分之二的村民掌握了种植、养殖、腐竹加工等技术本领，村民们享受到了美丽乡村建设带来的好处，居住环境更舒适了，钱袋子更鼓了，百姓富与生态美在这里实现了有机统一，昔日“难坑”成为远近闻名的“富谷”。

百合基地

（三）加强环境整治，共建美丽家园

在治荒取得初步成效后，南坑村突出“银杏水乡、生态南坑”的旅游主题，将乡村旅游项目开发与美丽乡村建设有机结合起来，通过申报省级乡村旅游示范点，提升南坑村乡村旅游品牌。突出以“银杏观光、休闲采摘、水上乐园”为特色的乡村旅游，带动农家乐发展。兴建书法培训基地，发展民宿，吸引外地旅客。大力实施景观工程建设，建成了廉政文化公园、人口文化公园、环保公园和国土文化公园4个主题公园；沿南坑溪水景走廊建设小公园5个、文化长廊1个、亲水平台1处，放置石雕4座。整个村庄整洁优美，风景怡，2019年接待游客达20多万人次。这些看得见、摸得着的美好前景，让全体村民迸发出前所未有的热情，纷纷发挥“主人翁”的作用，更加积极地参与和融入家乡建设。

景区一角1

三、工作成效

近年来，南坑村水土流失治理取得显著成效，生态环境大为改善，实现了从浊水荒山到绿水青山再到“金山银山”的历史性转变，南坑村从一个山光人穷、严重水土流失的村子，变成了现今的全国、省级文明村。如今的南坑，青山连绵、绿树葱茏，银杏、油柰、桃、李满山，成为远近闻名的“闽西银杏第一村”、生态旅游示范村。休闲观光、果园采摘、农家乐等绿色产业发展势头良好，2019年接待游客达

20 万人次，有力地促进了村民增收致富。农民人均可支配收入从 1996 年的不足 600 元增加到 2019 年的 16 800 元，村集体收入近 30 万元，全村 15 户 49 人建档立卡贫困户 2017 年已全部脱贫，已成为特色鲜明、村容整洁、环境优美、基础完善、生活殷实、村风文明、宜居宜游的“杏福田园特色小镇”。

景区一角 2

四、经验启示

总结南坑村“绿水青山就是金山银山”理论实践经验，为治理水土流失实施的封山育林、禁止打植割草是治理的根本要求，其建立的“猪—沼—果”生态种养联盟是治理的根本出路，而积极引进适合南坑村项目并实行“公司 + 协会 + 农户”模式是治理的后盾支撑，打击野外用火和破坏森林资源违法犯罪行为是治理的根本保障。

（一）坚强的基层组织建设是践行“绿水青山就是金山银山”实践的组织保障

南坑村强化基层组织建设，树牢“四个意识”，做到“两个维护”，全面落实从严治党各项制度，组织广大党员在生态修复、产业发展、环境整治、文明创建等工作中充分发挥先锋模范作用，带领全体村民通过合法途径增收致富，实现绿色发展。

（二）良好的生态环境是践行“绿水青山就是金山银山”实践的重要基础

南坑村村民在生态修复和保护中尝到了经济社会健康和谐发展的甜头。实践表明，加强农村基础设施是水土流失治理与生态文明建设的重要举措，而水土流失治理与生态文明建设又是实现乡村振兴的基础和前提。践行“绿水青山就是金山银山”理论，必须坚持绿色先行，把再造绿色的山作为基础，山不绿则根不稳。要注重生态环境的承载力，牢固树立“保护生态环境就是保护生产力，改善生态环境就是发展生产力”的理念，像对待生命一样对待生态环境，多谋打基础、利长远的好事，多干保护自然、修复生态的实事，为经济社会持续健康发展打下坚实基础，只有生态环境不断持续改善，经济社会发展趋势才能不断持续向好。

（三）发展绿色产业是“绿水青山就是金山银山”实践的第一要务

习近平总书记反复要求我们“要坚定不移走生态优先、绿色发展之路”。把发展绿色产业作为“绿水青山就是金山银山”实践的第一要务，以产业生态化，奠定“绿水青山就是金山银山”实践的绿色底蕴，以生态产业化，打造“绿水青山就是金山银山”实践的绿色银行。把生态保护修复与农民增收有机结合起来，既落实了“绿水青山就是金山银山”实践的总要求，又体现南坑村农业优势和高质量发展方向。

（四）农民群众是践行“绿水青山就是金山银山”实践的主体力量

生态建设没有广大农民群众的民意支撑和力量参与，难以取得成功。南坑村实现“绿水青山就是金山银山”的一个重要实践经验就是依靠群众，充分发动群众，充分调动广大农民群众参与“绿水青山就是金山银山”建设的主动性、积极性和创造性，以人为本，让农民群众在生态治理中得到实惠，走出一条绿色发展的群众路线。

案例七

“一杯武夷茶”的生态故事

福建省南平市武夷山市星村镇黄村村

福建是习近平生态文明思想的重要孕育地和创新实践地，是全国首批国家生态文明试验区之一。武夷山市位于福建省北部，是全国4处世界文化与自然双遗产地之一和全国10处国家公园体制试点地区之一。生态是武夷山市立市之本，发展之基。将生态自然资源禀赋转化为经济民生发展的内在动力，是武夷山市永恒的课题。

一、背景情况

“茶”和“旅”，堪称武夷山市的“两翼”。2019年7月5日，国务委员兼外交部部长王毅在外交部福建全球推介活动上致辞，“欢迎大家到有福之地福建走一走，去登武夷山，品大红袍，体验人在画中游的美好意境”。

星村镇为武夷茶主产区，驰名全国的岩茶“大红袍”和红茶“金骏眉”均在其所辖范围，故有“茶不到星村不香”之说。星村镇黄村村是“中国茶乡”重点村，茶叶生产已有1 500多年历史，在南朝就有“晚甘侯”的美誉，在唐代留下“采摘新芽献地仙”的佳话。黄村村地处九曲溪上游，是世遗保护的重点地带，属国家公园体制试点区范围，辖13个自然村，704户，2 868人，区域面积42平方千米，茶园面积1万亩。黄村村紧抓茶主导产业，绿色铺路、党建筑魂、产业扎根，有效破解保护与发展的矛盾，获得了省级生态村、全省基层先进党组织和省级乡村振兴示范村等荣誉。2017 年，黄村村代表福建省委在中共中央对外联络部组织的《中国共产党的故事——绿色发展》专题宣介会上讲述“一杯武夷茶”的故事。

黄村村绿野

二、主要做法

（一）“护”：抓好生态保护，守住绿色本底

牢固树立以系统工程的思路抓生态文明建设的整体系统观，以“绿盈乡村”建设为抓手，加大资金投入，突出整治重点，加快补齐短板，打造富有绿化、绿韵、绿态、绿魂的乡村生态振兴村。一是创新管护模式，护绿色屏障。早在 2006 年，黄村村陆续停止阔叶树、天然林、商品林采伐，98% 的国土面积划入生态保护红线。为破解商品林采伐利用与保护矛盾日益突出的难题，2015 年，黄村村等九曲溪上游地区开始创新改革，通过赎买、租赁、生态补助三种方式进行保护性管控，收储商品林 2 000 亩。全市共计投资 2.64 亿元完成商品林赎买林权面积 4.04 万亩，林改培 1.48 万亩。二是严控无序开垦，护茶山生态。曾几何时，眼看武夷茶价格水涨船高，村民偷偷砍树改种茶，但一到

雨季，山洪变猛了，溪水变浑了。“不种树，茶叶品质就保不住啊！”村民口中的茶山整治故事，诠释了鼓励种茶—无序种茶—整治茶山—绿色发展—主动保护的发展线路图。2008 年，武夷山市相继出台政策，严控无序开山种茶，并在黄村村打响了茶山整治第一枪，全村累计整治违规开垦茶山 1 200 亩，植树复绿 400 亩，自然修复 800 亩。三是补齐设施短板，护乡村环境。武夷山市用好用实重点流域生态补偿金等项目资金，累计投入 2 亿余元，有针对性地开展农村生活污水治理，已建在建达 92 个村，占比 80%，提前两年超额完成 75% 的目标要求。其中，黄村村共投入 400 万元，新建污水管网 7 000 米，新增污水治理设施 10 套、处理能力 176 吨 / 日，农村生活污水处理率达 94.6%，农村人居环境明显改善。

黄村碧波

静静的小溪

茶山整治

生态茶园

（二）“融”：打造一村一品，支撑绿色发展

树立正确的发展义利观，认准茶叶资源优势，探索生态产品价值

实现路径。一是融合生态资源，提升茶叶品质。构建合理的生态系统，持续优化生态环境，扭转茶农经营理念实现“数量”到“质量”的转变，实施茶园“减肥增效”项目，推广有机肥替代化肥，开展生物防治，大力开展生态茶园、智慧茶园建设，按照山顶戴“帽”、腰间绑“带”、山脚穿“鞋”的标准改造生态茶园 5 000 多亩。二是融合产业特色，延伸茶业链条。积极推动“茶叶与旅游”“村庄与景区”“村民与游客”的融合互动发展，将茶山茶园之美与乡村之美相互结合，把茶山建设成互动体验式茶园，把茶厂打造成旅游接待点、乡村民宿、茶庄园，打造了横风茶部落、村头茶宣点、溪前生态村等新业态。来到黄村村，茶商变游客、学员变游客、观众变游客、选手变游客，增加了民宿、餐饮等相关旅游产业收入。2019 年，全村旅游收入近 100 万元。三是融合品牌优势，提升茶叶竞争。融入“武夷山水”品牌建设，以“帮老百姓卖茶，卖老百姓喝的茶”为口号黄村村组团亮相厦门“9·8”投洽会，带领茶农“借船出海”。拍摄《寻茶到黄村》MV，唱响中俄两国，成功地将黄村茶叶推向全国市场。华巨臣、八马和芝己等国内知名大型茶企将黄村村列为产品源基地和采购基地，签订 30 万公斤茶叶的战略合作采购协议。连续 7 年，举办黄村村独有的制茶能手大赛以便传承弘扬武夷岩茶传统工艺；2020 年首个国际茶日，闽北共举办两场大型庆祝活动，其中“百家品茗”分享品鉴会就在黄村村举行。

拍摄《寻茶到黄村》MV

首个国际茶日“百家品茗”分享品鉴会

（三）“扬”：创新体制机制，激发绿色潜力

坚持满足人民日益增长的优美生态环境需要的基本民生观，建立

生态保护、产业发展、生态惠民机制，实现生态美、产业兴、百姓富。

1. 完善生态管护机制。组建村级生态科技特派员、专职护林员、环保网格员、河道专管员队伍，强化与武夷山国家公园管理局生态执法队伍以及生态环境司法保护的联动，建立违规开垦茶山“黑名单”制度，实现生态环境网格化、常态化管理。用活“生态审计”机制，让村民懂得既要算经济账，更要算生态账。

生态保护签字活动

司法联动开展宣传

2. 建立“党建＋产业”模式。成立“茗川世府”合作社党支部，实现党组织建在产业链上、党员聚在产业链上、群众富在产业链上，将 119 户茶农 8 800 亩茶园组成一个有机整体，抱团取暖，建立产销一体化集约化的发展路径。辐射带动周边 17 个村 1 200 户茶企、茶农，形成从种植到市场完整的产业链条，经营由小体量到形成规模，由分散到集中，由粗放到精细。2019 年，合作社联系协调销售的茶叶超过 80 万公斤，相当于黄村村两年的茶叶产量，增加收入 50 万元。

党员讲坛

联学联建

3. 用活生态反哺制度。结合国家公园体制试点社区共建制度，建立利益共享、破坏共担的“协同保护”式生态补偿模式。用活国家重点生态功能区、重点流域生态补偿等补偿资金，购买生态服务，改善生态环境，激励群众投入生态保护与建设。建立农行惠农 e 贷（武夷岩茶）示范点，推行“快农贷”，探索茶农茶山林权证抵押贷款制度。目前，社员农行支农贷款余额达 2 000 多万元，户均近 20 万元，解决了产业发展的资金瓶颈问题。

武夷山国家公园倡议书

惠农 e 贷示范点

三、工作成效

（一）生态质量持续向好

黄村村的生态环境持续提升，生态系统和生物多样性保持良好，野生动植物种群数量增加，水质常年保持地表水 I 类水平，空气质量保持全优。黄村村林地面积 5.6 万亩，其中生态公益林达 2.3 万亩，占林地面积的 41%。武夷山市生态系统价值核算结果显示，黄村村所在的星村镇 5 年间生态系统服务价值增长 16.2%，从 538.1 亿元增加到 625.2 亿元，占武夷山市总生态系统服务价值的 28.2%。

（二）生态产业提质见效

通过控制面积、生态种植、提升品质、茶旅融合，武夷山市成功创建国家级农产品质量安全县（市），2019 中国茶叶百强县，“武夷岩茶”品牌价值（700.17 亿元）连续三年居全国茶叶类第 2 位。曾经的黄村村有资源没产业，甚至连条像样的路都没有，如今的黄村村巍巍群峰满眼绿，片片茶山溢馨香。与当下城镇化进程中多数村落不同的是，黄村村的土地不撂荒，劳动力不外流，村里户籍人口2800多人，而常住人口3 100多人，近99%的当地人留在村里，还吸引了300多名外来就业者。致力于由农民唱主角保护生态，走以质取胜之路，茶山面积减少了，亩均产值7年来却翻了一番。目前，村内大小茶叶加工厂共158家，年产茶叶750吨，年产值1.5亿元。党的十八大以来，村民人均纯收入增长8 000余元，已超2万元。

（三）生态文明植入人心

茶农的观念从最初的“先发展、后保护”向“生态优先、绿色发展”的理念转变，未发生因茶山整治引起的大规模上访，相互监督和参与整治的积极性明显提升。茶企、茶农主动参与环境整治，在茶旅收益中集体筹集公益资金，建设特色路灯80盏及夜景工程，大小停车场6个，绿化带2 000米，美化彩化1 000平方米。实行流动红旗表彰和约谈的奖惩机制，创建“红黑榜”，建立“爱心美德超市”，村民主动开展垃圾分类、回收的文明意识逐步提高，自觉落实“门前三包”，做到家庭“三化”（净化、绿化、美化），小家更温馨，大家更和谐。

四、经验启示

黄村村的实践经验表明，作为生态条件较好的地区更要牢固树立绿色发展理念，选准绿色产业，充分调动基层党员干部群众保护生态的主动性和发展产业的积极性，放大试点成果和示范效应，最大限度将“绿水青山”的资源优势转化为发展优势，实现环境保护与经济发展双赢的目标。

（一）坚持绿色发展理念，提升群众获得感

牢固树立绿色发展的高质量发展观，高举生态指挥棒，探索建立自然生态系统保护管理和生态综合补偿的新机制新模式，选准绿色产业、做足山水文章，以实实在在的环境满意度和经济获得感，提升人民群众保护生态的思想自觉、行动自觉，这才是青山常在、绿水长流、

空气常新的长久保障。

（二）在绿色发展道路上，发挥党组织引领的关键作用

在护青山、变金山的过程中，加快推进基层治理体系和治理能力现代化，让党员在保护生态、发展产业方面走前头、当先锋、做表率，增强基层党组织在凝聚共识、整合资源、形成合力方面的关键作用。黄村村将党支部建在产业链上，采取“党支部＋合作社＋茶农”的运作模式，抱团发展生态茶业，走出了一条“村民变社员、社员变股东，资源变资产、资产变资金”的可借鉴的新路径。

（三）以绿色发展思维促进产业与生态的融合

乡村在振兴发展过程中应根据当地的资源禀赋，发挥生态优势、特色优势、品牌优势，拓展生态价值内涵，延伸产业链条，促进三产融合发展，促进环境效益与经济效益、社会效益的统一，实现生态资源的最大价值。

黄村鸟瞰

案例八

红绿辉映、共享发展 打通“绿水青山”与“金山银山”经济成果转化最后一千米

江西省井冈山市茅坪镇神山村

一、背景情况

（一）简要概况

神山村位于革命摇篮井冈山市的茅坪镇，现有神山组和周山组两个村民小组，全村人口共有 54 户 240 人，党员 18 人，现有脱贫户 20 户 45 人。全村耕地面积 198 亩，山林面积 4 950 亩，其中山林面积 90% 为毛竹林。

三月桃花盛开

2016 年 2 月 2 日，习总书记亲临神山村视察，并发表了“老区在全国建小康的征程中，要同步前进，一个也不能少的重要讲话。从此，神山村翻开了新的篇章，迈上了高质量发展的快车道。近年来，神山村群众牢记总书记嘱托，大力推进巩固脱贫成果举措和乡村振兴战略，坚守绿色底色，做亮红色特色，璀璨发展金色，着力发展特色产业，促进了农业种植业、乡村旅游业发展，带领农民增收致富，提升了群众幸福感。截至 2019 年年底，全村农户人均收入 2.2 万元，其中贫困户人均可支配收入达到 1.2 万元，村集体收入达 38 万元，实现了脱贫致富。神山村先后荣获了全国乡村治理示范村、全国文明村镇、2017 中国美丽休闲乡村、江西省 4A 级乡村旅游点、全国民主法治示范村、中国红十字系统博爱家园助力脱贫攻坚精品项目等称号。

蓝天与白云相伴

（二）生态资源优势

神山村地处崇山峻岭当中，属亚热带森林区域，森林资源丰富，林地面积 4 950 亩，森林覆盖率达 95%，盛产松、杉、竹、柞、荷、泡桐、枫、黄、檀、深山含笑、银杏等。生在神山盘龙二王庙侧的一棵银杏，高 30 余米，树围 2.2 米，据传有一千余年的树龄，堪称神山“千年银杏王”。林中野生动物品种繁多，有野鸡、野猪、麂子、山牛（水鹿）、竹鼠、竹鸡、石蛙、大鲵（狗鱼）等。近几年还发展了黄桃和茶叶两种绿色生态农业。

二、主要做法

（一）守护“绿水青山”

2015 年以来，神山村在守护“绿水青山”方面开展了以下工作。

1. 因地制宜发展绿色生态农业产业。神山村共有耕地 198 亩，但多为冷浆田，粮食产量不高。2015 年当地政府根据神山村的气候特征和海拔位置，试种黄桃 50 亩。由于多数村民家中还发展了牛羊养殖业，种养矛盾突出。后来经过乡村两级开会商议，倡议村民卖掉牛羊，发展绿色种植业。目前，神山村共种植黄桃 460 亩，茶叶 200 亩。

2. 扎实有效保护山水资源。通过退耕还林减少森林破坏；加强生态护林员管理，加大森林防火巡防力度；全力推行林长制工作，划分责任区域，明确责任范围；进行毛竹低改、春笋禁挖、毛竹限期砍伐，保护毛竹林资源。扎实推进“河长制”，切实改善河道环境卫生；加快推进生活污水处理设施项目建设，实现生活污水集中处理。

3. 多措并举倡新风。树立“全域化”理念，以抓好农村人居环境整治为突破口，推进农村污水处理和农村垃圾治理，制定环境卫生积分奖励办法，加快美丽示范庭院建设，倡导群众树立绿色的生活生产方式。

（二）转化“金山银山”

1. 发展绿色产业。大力实施“231”产业扶贫，将生态优势转化为经济优势。全村已种植黄桃 460 亩，茶叶 200 亩，雷竹 30 亩。农业产业的发展不仅丰富了神山村的秀美景色，更为村民带来了可持续的收益。每年的 3 月下旬，数百亩黄桃花开，在粉色的桃花与缭绕的云雾相衬下，神山村宛如一片仙境；7 月中下旬，黄桃成熟，金果飘香，吸引众多游客前来体验采摘，2017—2018 年神山村连续举办了两届井冈山市“黄桃节”，精彩的节目、飘香的黄桃吸引了上千名游客参加，仅黄桃拍卖一项活动就卖出了 10 000 元，并在活动现场分给了 20 户贫困户。此外，贫困户每年还可从黄桃和茶叶两个合作社获得 3 300 元以上的股金分红，有的村民通过在基地务工每天可获得 120 元左右的务工工资收入。

茶叶采摘体验

2. 发展乡村旅游。不断探索“产业＋旅游”发展模式，打造美丽桃源、竹海氧吧等生态景观，吸引游客从“红色游”走进“绿色游”，做好做足全域旅游文章。依托美丽乡村建设，把乡村旅游融入农村发展的各个领域，坚持走全域化、特色化的道路，创新发展民宿经济、文化产业旅游、生态休闲旅游。在建设过程中，神山村十分注重环境保护和景观提升，让神山村每一个角落都干净整洁。把每一栋房子、每一扇篱笆、每一个节点都作为一道景观精心打造，真正做到精致规划、精细施工、精美呈现。同时，进一步完善景区功能，新建停车场、旅游公厕、污水处理设施，设置标识标牌，实现了免费 Wi-Fi 全覆盖，着力打造一个美丽乡村建设升级版的乡村旅游点。以“井冈桃源，好客神山”为主题，开发了符合不同游客需求的旅游项目。如充分挖掘本地传统民俗风俗，推出了打糍粑、磨豆腐、做竹筷、编竹艺等民俗风情游；依托黄桃、茶叶产业，推出了赏桃花、摘黄桃、采茶叶等采摘体验游。

乡村旅游人气旺盛

（三）创新体制机制

1. 大力推进农村人居环境提升工程。以农村生活垃圾分类专项整治为突破口，积极推进“四拆三清两改”专项治理，推进生活污水处理设施项目建设，彻底消灭“污水靠蒸发”的现象；加大农村垃圾分类推广处理力度，通过政府购买服务的方式，全面推行村户垃圾第三方治理，建立保洁、清运、处理等一条龙服务，从严落实“三禁”工作，切实改善人居环境，让绿色清净彰显在神山村的每一个角落。

2. 打造全域旅游新标杆，丰富旅游业态。依托绿色生态鼓励发展乡村民宿，着力推进神山村糍粑小镇和桃寮村“神山云居”精品民宿项目建设进度，打造一批高标准、高起点的乡村旅游业态。提升管理服务水平，全力推进旅游服务标准化，形成一套科学系统的标准化体系，现有执行标准 9 个，标准的实施将进一步规范和整治旅游市场，增强神山村旅游服务质量和市场竞争力，让游客享受到高质量的旅游服务，让神山村旅游业焕发出新的活力。扩大品牌影响，进一步促进红色培训、生态旅行、乡村旅游深度融合。

3. 坚持“建管并重，常态长效”，确保“管的规范”。一方面，建立健全长效机制。按照村庄环境长效管护“五定包干”的要求，成立了村、组两级的村民理事会，聘请了村庄巡护员，明确了理事会、农户、保洁员、巡护员的职责，出台了《村规民约》《村庄管护经费收缴管理制度》《基础设施、公共场所管护标准》，使村民行为有规范、工作有标准，真正做到“有人看护、有钱维护、有制度管护”；另一方面，探索乡村治理的有效抓手。把研学旅行、乡村旅游等产业融入乡村治理中来，有效激发了群众参与乡村振兴的内生动力，实现了从“站着看”到“主动干”的转变。

三、工作成效

依托绿色生态优势，结合神山村特色，根据本村区位、资源、人口、历史、经济基础等方面的特点，进一步明确发展方向，细化规划落实，按高起点、高标准、科学合理地开展建设，打造桃源仙村——神山村。结合全域旅游，做强“井冈桃源，好客神山”品牌。神山村已连续成功举办两届黄桃节，带动村民增收。神山村 2019 年共接待游客 32 万人，全村年人均可支配收入达 2.2 万元，其中贫困户人均可支配收入达 1.2 万元。

四、经验启示

（一）创新驱动，探索产业发展模式

在脱贫攻坚的艰苦实践中，神山村通过“公司＋村集体＋贫困户”的发展模式，挖掘生态潜力和乡村特色，加快发展全域旅游，构筑绿色发展的新优势。按照该模式积极引入经营主体，引进振兴学院等红色培训（简称红培）机构发展红培、研学、民宿产业，引进井冈山红

茶叶公司发展茶叶种植，引进黄桃公司种植黄桃等，构建新型产业结构，整个神山呈现出一片生机勃勃的景象。

（二）打造品牌，建立生态发展机制

发展生态农业，在扩大规模的同时，还要注重品牌打造。神山村大力种植黄桃，并开展黄桃节等农业节庆活动，逐渐打响品牌，以品牌带动发展。建立并逐步完善生态农业发展体制机制，延伸产业链条。神山村以生态农业为主攻点，以融合发展为主抓手，注重实施“互联网＋农业”“文化＋农业”“旅游＋农业”的发展机制，不断拉长农业产业链条，让农民在多个节点上分享发展红利。

（三）共享发展，打造“五个共赢”的致富道路

通过这些年的实践，我们总结出的一条重要经验，就是坚持把共享理念落到了实处，走出了“五个共赢”的致富道路。一是公司赢。神山村年接待游客32万余人，红培、民宿产业当年实现盈利，黄桃、茶叶种植次年实现盈利。二是村集体赢。村集体空壳摘帽，村集体每年实现分红，2019年村集体经济总额达38万元。三是群众赢。2019年底，全村农民人均可支配收入2.2万元，其中贫困户人均可支配收入达到1.2万元，当地群众自发走上了发展民宿农家乐的致富道路，初心小院等一批农家特色民宿如雨后春笋般涌现出来。四是游客赢。通过举办黄桃节、神山糍粑体验等，吸引了八方游客来此寻找一份红色的记忆、体验一回井冈民俗、享受一次田园休闲，品味一道客家美食，新奇体验得到了游客的大力称赞。五是政府赢。茅坪镇党委、政府通过大力发展乡村新业态，努力培育农业农村新动能，实现了产业兴旺、生态宜居、乡风文明、治理有效、生活富裕的五好目标，走出了一条乡村振兴、全面小康的新路子。

晨光下的神山

案例九

绿水青山就是金山银山 把资源优势转化为发展优势

——践行“绿水青山就是金山银山”理论的篁岭模式

江西省上饶市婺源县江湾镇篁岭村

一、背景情况

篁岭村是一个民俗文化村，地处江西省婺源县东端，位于婺源县主峰海拔 1 260 米的石耳山中，是一座拥有 500 多年历史的徽州古村，归江湾镇栗木坑村委会管辖。篁岭属典型的山居古村，全村古树环抱、梯田簇拥、风景如画，宛如挂在山坡上的景观，春赏万亩花海、夏纳古村清凉、秋观晒秋红枫、冬品民俗风情，一年四季，延绵有序。篁岭被威尼斯电影节组委会评为“中外最美外景地”，“篁岭晒秋”被原国家文化部评为“最美中国符号”，有关篁岭的摄影作品先后十多次获得国际国内大奖。

江西婺源篁岭村晒秋红枫

然而，对篁岭村而言成为如今这个年游客量超百万级的世界旅游名村经历了不为人知的坎坷。因地质灾害频发，从 1978 年开始地方政府便不断鼓励篁岭村民下迁，直至践行“绿水青山就是金山银山”理论的“篁岭模式”诞生，当地的自然资源优势开始转化为旅游文化发展优势，才有了如今生态优美、文化荟萃、乡风淳朴的篁岭村。

二、主要做法

2009 年，篁岭开始大胆走乡村旅游创新之路，建设婺源篁岭民俗文化村项目，开创了独有的“篁岭模式”，通过市场经济杠杆，以古村产权收购、搬迁安置结合古民居异地搬迁保护地模式进行村落保护性开发，保持了古村文化的“原真性”。并以优美的山岭环境为背景，千亩梯田为依托，以“绿水青山”为主线，保护优美的自然资源，定位打造婺源最具民俗特色的文化影视村落，把篁岭古村落打造成特色晒秋民宿，把数万亩梯田变成现代高效农业观光园，复兴古村民俗文化，升级乡村文化旅游，打造特色文化小镇，为婺源乡村旅游转型升级探索道路。

（一）老建筑异地搬迁复兴古村鼎盛期的风貌

古村风貌是篁岭村乃至整个婺源最核心的文化资源，保护好古村资源和自然生态是推进“绿水青山就是金山银山”理论在婺源落实的有效举措。婺源明清徽派老建筑遍布全县各地，最让人揪心的是那些零散分布且未纳入文物保护而自生自灭的老建筑。如许村镇的怡心楼，镇政府很想保护，却苦于无人无钱，花窗门片屡屡被盗，行将荒废。2014 年，婺源篁岭与许村镇政府达成协议，由景区全额出资，将怡心楼整体搬迁至篁岭修缮保护，所有权仍归许村镇政府，公司则拥有经营使用权，开创了老建筑保护利用的“寄养”模式。

“异地搬迁”至篁岭的怡心楼

迄今，篁岭 120 多栋老建筑中的 30 多栋都是异地搬迁来的，篁岭也成了婺源老建筑密度最大的村落之一。

（二）大力发展花海经济实现村民就地就业

篁岭村四周大半曾经撂荒的梯田，通过流转的形式交由景区统一打造。景区在每年支付流转费用的同时，雇用当地农民，按景区制定的种植方案，统一规划种植，用传统种植方式打造“千亩梯田四季花海”。万亩梯田花海不仅吸引了全国游客观光游览，还拉动了地方住宿餐饮产业发展，种植收获的菜油、辣椒、皇菊、稻谷、果蔬等农产品则定向销售给旅游接待单位。在复兴传统农耕文明的同时，带动了村民返迁兼业和就业，村民由“庄稼户”变成为公司的“造景者”，实现了生态入股、红利共享的共建格局。

篁岭千亩梯田油菜花盛开

（三）打造“篁岭晒秋”品牌构筑乡土中国符号

“窗衔篁岭千叶匾，门聚幽篁万亩田”，位于山崖上的篁岭地势复杂，平地极少，山居条件下，篁岭村民凿窗支匾晾晒农作物，形成了极富特色的“晒秋”民俗。且“晒秋”不局限于秋季，春晒山珍、夏晒果蔬、秋晒粮食、冬晒熏腊，色彩斑斓、不断更替。当全国其他地方的“晒秋”习俗慢慢淡化乃至消亡时，篁岭景区却将“晒秋”打造成了农家喜庆丰收的“盛典”。如今，篁岭因“晒秋”而闻名遐迩，“篁岭晒秋”被评为“最美中国符号”，数以万计的摄影爱好者慕名而来，篁岭也因此成为摄影爱好者和摄影家的乐园，“篁岭晒秋”的摄影作品也多次获得国际国内大奖。

婺源篁岭古村晒秋

季节性是制约农村经济发展的一大瓶颈。复原和发展“篁岭晒秋”民俗，建设系列“晒秋产品”，在破解婺源旅游季节性困局的同时，打造“中国最美文化符号”，使“篁岭晒秋图”如同“清明上河图”“富春山居图”一样，成为中国文化的核心想象。经过5年建设，已初见成效。

篁岭晒秋大妈晾晒定制晒秋图

三、工作成效

篁岭民俗文化村于 2013 年开始试营业，2017 年游客量首次突破百万大关，篁岭村已从一个“养在深闺人未识”的村庄，一跃成为乡村旅游的热门景区，先后被评为国家 4A 级旅游景区、中国最美休闲乡村、中国乡村旅游模范村、全国特色景观旅游名村、中国乡村旅游创客示范基地、全国“景区带村”旅游扶贫示范项目、中外最美外景地。

篁岭鲜花小镇夜幕降临

篁岭村千亩梯田得到合理利用，红豆杉、千年枫香、樟树等数百株名树古木郁郁葱葱，成为远近闻名的鲜花小镇。篁岭村对村落建筑及风貌体系进行规划、保护，彻底灌注了古村旅游文化内涵，实现古村落保护与发展双赢。在旅游发展过程中，注重推动村民“洗脚上岸”，让地道的农民变为旅游市场中的参与者，构建村民和景区的利益共同体，让广大群众共享旅游发展成果，实现公司与农户双赢。每年 100 多万游客从全国各地涌向篁岭，让当地百姓的生活发生了翻天覆地的变化。2019 年，篁岭景区支付给村民的工资就有 500 余万元，村民旅游创业收入 600 余万元。篁岭村人均年收入从旅游开发前的 3 500 元，提升为 6 万元；户年均收入从 1.5 万元提升为 16.5 万元。篁岭景区周边晓容、前段、栗木坑等村庄有 50 余家从事农家乐经营，户均年增收 8 万元。篁岭项目开发，改变了以往开发商大包大揽，村民收益很少的模式。景区里的精品民宿主要面向高端消费群体，而中低端消费群体给村民农家乐带来巨大的接待市场。

篁岭村民转型成为导游

四、经验启示

篁岭村通过保护性旅游开发，保障了多数村民的参与权，不仅在经济发展的进程中保护了绿水青山，将自然资源转变成旅游红利，更是将“绿水青山就是金山银山”理论在乡村更好地与旅游扶贫相结合，提高了村民脱贫能力。

（一）以特为先，以美取胜

明确地方“绿水青山”的资源禀赋，然后以打造独一无二的奇观来取胜。在“绿水青山就是金山银山”理论的践行过程中既要充分彰显地方自然资源特色，又要挖掘当地生态及文化特色，走差异化的发展道路，构建具有生命力的乡村经济发展模式。

（二）以旅带农，以农促旅

发展乡村旅游，是将“绿水青山”转化为“金山银山”的有利举措，不仅要发挥田园山水的观赏功能，更重要的是要结合游客需求，带动地方百姓参与到旅游服务中去，在旅游体验中增强游客对当地乡村文化的感知和认同。同时篁岭旅游促进了周边旅游服务的提升，当地农家民俗生活体验、特色农家客栈和农特产品的发掘也增强了篁岭旅游的多样性。

（三）朝晒暮收，培育 IP

“绿水青山就是金山银山”理论不仅要利用自然资源，更要在发展中融入地方文化。篁岭景区勇于创新，打造自身特色品牌，围绕“晒秋”和“梯田”培育了两大独特的旅游 IP，实现了良性循环，为全国乃至全球旅游发展提供了经验借鉴。

案例十

添绿护蓝、向海图强 打造海洋生态文明示范区

山东省烟台市长岛海洋生态文明综合试验区南长山街道

一、背景情况

（一）简要概况

南长山街道位于长岛综合试验区南长山岛，岛上陆地面积 12.8 平方千米，岸线长 21.6 千米，是山东省唯一的海岛街道，辖 11 个行政村和 5 个社区服务中心，常住人口 14 609 人。

南长山街道

（二）生态资源优势

辖区自然禀赋独特，峰奇山秀，自然奇观众多，黄渤海交汇处、林海烽山、望福礁、仙境源等旅游景观闻名遐迩。岛礁棋布、港湾众多，周边海域水深多在 30 米以内，海流通畅、水中营养物质充足、水中富含多种基础饵料，是优良的“海上牧场”，海域内海洋生物达 200 多种，以盛产海参、扇贝等海珍品著称。独特的地理位置和气象条件，经常出现海市蜃楼、海滋、平流雾等天象奇观。妈祖传说和唐王东征的历史故事，以及美丽的球石和秀丽的海岛风光，吸引着游客不断前来探秘。

依托丰富的自然资源和厚重的历史文化，南长山街道坚持守初心、担使命，牢固树立“视生态如生命”理念，珍惜一山一水、一草一木，推行全域“生态保育”，巩固壮大旅游主导产业，实现了自然景观和产业效益的双提升。长岛先后荣获国家级自然保护区、国家重点生态功能区等 9 个国家级生态相关称号，南长山街道荣获“山东省旅游强乡镇”称号。

二、主要做法

（一）实施全域生态保育，守好“绿水青山”

推行山、岸、海、陆、天五个层面综合治理，坚决打好污染防治攻坚战，推动立体化生态修护，扎实守好海岛生态红线。

山上，全面实施绿化造林活动，2017 年至 2019 年，3 年内植树超过 10 万棵，投资 168 万元资金进行山体灾害治理，有效改善了辖区山体裸露现象，林木覆盖率达到 54%。

岸上，大力实施海岸带整治修复工程，加快退岸还滩进程。拆除了海岸线育保苗场和破旧建筑近 8 万平方米，拆除山上所有风机，整治修复岸线 1.19 千米、岸滩近 0.36 万平方米，旅游和自然岸线的占比由过去的 38% 提高到了 80%。

海上，加快近岸养殖和生产生活设施腾迁退出，实施海域生态修复和生物种群恢复工程，开发生态海洋牧场 30 万亩；积极推行贝藻鱼兼养、上中下水层综合利用的立体养殖模式，生态养殖面积达 2.65 万亩；生态岛礁建设和“海底森林”、人工鱼礁、增殖放流等海洋修复工程全面展开。

智能分类垃圾箱引领分类新时尚

海耕图

实施全方位、立体化的生态保育修复工程，推行 100% 绿色纯电动公交体系、100% 全域垃圾分类处理、100% 清洁能源供应、100% 全域污水零污染排放，构建全覆盖的支撑保障体系。

为保障良好空气质量先后关停辖区“散乱污”企业 3 处，查封 10 吨以下燃煤锅炉 73 台，对符合拆除条件的进行拆除，对暂时无法拆除的实施物理切割，覆盖渣土堆、旧村改造拆迁裸露土体 6 万立方米，要求建筑工地配备降尘设施，辖区空气质量持续达到国家二级标准。

壹号院特色民宿

（二）培育壮大生态产业，打造“金山银山”

南长山街道在海洋产业新旧动能转换中连续“破题”，立足资源环境优势，发挥村集体动能，促进产业转型升级，推动旅游度假、生态渔业向更高层次发展。

南长山街道积极培育壮大旅游骨干产业，聚力于旅游六要素提档升级，不断完善旅游全产业链条。提出全域旅游的发展思路，规划建设了环岛慢行旅游服务系统，实施城区路网“白改黑”改造，打造便捷舒适的旅游配套设施。作为全省渔家乐发源地，南长山街道注重引导渔家乐发展，使其由单打独斗向产业化发展转变，规划建设王沟渔家乐风情园、孙家渔家乐风情园、山前渔家墅等高端渔家乐园区，实现产业集聚，扩大品牌效应。实施了海上观光项目，规划建设了 2 处赶海园，开展直升机低空飞行、潜水、垂钓等体验活动，来岛游客逐年提升，2019 年旅游收入达 4 950 万元。

海豹嬉戏

改革提升现代渔业，渔业发展实现由“近岸”向“远海”转移、由“传统”向“现代”转换。积极开展海洋牧场建设，通过投放人工鱼礁改善海底环境，构建“藻—贝—参—鱼”立体生态增养模式，提高了水体利用效率，通过海洋牧场辐射效应改善周边海域环境，深水养殖装备促进了渔业的增收，目前南长山街道已有 2 家国家级海洋牧场，1 家省级海上牧场，还有 1 家正在争创省级海洋牧场。立体化生态养殖效益凸显，每年吸引斑海豹越数量来越多，形成了独特的海豹王国，长岛成为“山东庙岛群岛海豹省级自然保护区”。

（三）实施体制机制创新，破解制约因素

生态保护非一朝一夕之功，南长山街道从生态保护的全局性、稳定性、长期性着眼，围绕地方政府承担的管理者责任，从以下几方面扎实推进生态环境管理制度建设。

1. 强化规划引领。坚持高标准谋划和“不规划不开发”，邀请同济大学编制海岛规划，突出交通、产业统筹布局，通过深入调研、征求意见，深入挖掘海岛资源禀赋和人文特质，确保规划科学合理、群众满意。

2. 强化体制创新。2019 年山东省人大常委会审议通过《山东省长岛海洋生态条例》，统筹协调生态保护和民生保障的关系，明确相应法律责任，从顶层设计为长岛发展划红线、点方向、立规矩。

3. 强化制度保障。坚持以党支部领班合作社方式发展集体经济，培育整合资源优势，以党建引领生态建设有序发展。发展壮大渔村集体经济，实现资源有效整合利用、街道居民共同富裕。

三、工作成效

（一）生态旅游实现“生态变现”

旅游产业是长岛的传统产业也是富民产业，近年来，南长山街道积极推动旅游产业发展，包装生态产品，延长产业链条，取得了良好的成效。南长山街道乐园村敢想敢闯，成立了长岛乐元乡村旅游专业合作社，党支部领办合作社发挥统筹组织能力，将村级生态资源转化成旅游资源，开展海上休闲游项目，游客可以乘船出海，在海上拔笼、垂钓、拖网，尽享亲海之乐，受到了来岛游客的广泛欢迎，仅 2019

年就实现集体分红 12 万元，群众分红 23.3 万元。孙家村积极引进海上项目，2018 年在拆迁收回的岸线上成功举办了天海风摩托艇赛·帆船赛，吸引了来自北京、天津、河北、山东等地的水上运动爱好者们的参与，为南长山街道旅游再添新名片。当前，南长山街道各渔村正在积极发挥党支部领办合作社作用，一方面以集体力量投入，发挥生态优势，开发新的旅游项目，让产业链条不断延伸；另一方面推动村内渔家乐业户抱团发展，为来岛游客提供更加专业的民宿服务，通过生态旅游实现“生态变现”方面，南长山街道正在越走越远、越走越宽。

佳益海洋牧场

（二）生态渔业让“海里生金”

近年来，南长山街道海洋牧场建设成果显著，科学用海的发展模式，让渔业致富的成效再次显现出来，南长山街道一方面积极鼓励企业引领建设，佳益公司作为拥有国家级专利的海洋牧场公司，先后有 2 台自升式海洋牧场平台和 1 座半潜式深海智能网箱投入使用，企业化运行的海洋牧场一是通过海洋生物资源修复实现渔业资源量大幅增长，二是开发休闲海钓产业，带动休闲渔业发展，三是带动旅游、食宿、交通、钓具制售、船艇修造、水产育苗等产业的发展，以显著的经济效益进一步引领生态用海发展模式，2018 年度仅对外出售成品人工鱼礁一项，佳益公司便获利 1 000 万元。另一方面积极探索集体海洋牧场建设，孙家村积极发挥党支部领办合作社作用，建设海洋牧场，在村集体海区内拆除了近 8 万平方米的育保苗场，投放礁石改善海底环境，与中科院烟台海岸带研究所合作开展筏式养殖铜藻项目，海洋生态得到有效改善，通过在海区投放海参苗的形式，底播增殖海珍品。与育苗场的圈养海参相比，生态养殖模式的海参在品质上更加接近野生海参，“绿水青山”唤醒了海中沉睡的“金山银山”。

四、经验启示

南长山街道在践行“绿水青山就是金山银山”理论的路上，始终坚持“两手”工作，一手是坚决守护住生态红线，良好的生态环境才是真正的财富，深挖海洋资源虽然短时间内经济发展了，但过度开发终会敲响发展终止的丧钟，20 世纪 90 年代发生的扇贝养殖大面积死亡，留给长岛人深刻的教训，今天南长山街道始终坚守生态红线，坚决打赢蓝天、碧水、净土保卫战，坚持生态优先、绿色发展，在绿水青山中探索向“金山银山”的转化，取得了良好的成效；另一手是发挥基层党组织作用，在“绿水青山”转化成“金山银山”的实践中，南长山街道始终不忘发挥基层党组织作用，通过党建引领发挥了党员干部在群众中的模范带头作用，通过党支部领办合作社唤醒了渔村沉睡资源，确保了村民全面参与、充分共享，实现了强村富民。在坚持生态保护和党组织引领的“两手”强力推动下，“好看不好吃”的“绿水青山”转化成了“好看又好吃”的“金山银山”，为海岛实现高质量发展和乡村振兴提供了样板。

第三篇

华南地区

案例一

一汪净水送京津
满山美景留余香

湖北省神农架林区大九湖镇大九湖村

一、背景情况

（一）简要概况

大九湖镇位于神农架林区西部，西南与重庆市巫山、巫溪县接壤，北与十堰市竹山、房县为邻，东与湖北省巴东县相连，有“一脚踏三省六县”之说。总面积 348.07 平方千米，辖六个行政村和一个社区。大九湖村为大九湖镇政府所在地，村辖区面积 36 平方千米，全村共有 10 个村民小组，293 户，全村共有人口 1 132 人。大九湖为南水北调中线工程的重要水源地，2012 年省委、省政府召开现场办公会，做出了整体生态移民搬迁的决定，截至 2019 年底，搬迁工作已基本完成。

（二）生态资源优势

大九湖是华中地区唯一的亚高山泥炭藓湿地和亚高山泥炭沼泽矮林分布区，拥有丰富的湿地科研资源和湖光山色相互交融的绝美景色，无数专家学者慕名前往，令无数游人流连忘返，已成为各方游客湖北之行的首选之地。

大九湖镇境内最高海拔 2 600 多米，最低海拔 400 多米，2 200 多米的垂直落差，不仅使这里的生态保存得十分完好，也孕育了丰富的动植物资源。仅湿地保护区内就有陆生脊椎动物 34 科 55 属 69 种，其中国家一级保护动物 4 种。

二、主要做法

（一）“绿水青山”守护

大九湖的保护与开发，经历了曲折而艰难的过程。从神农架林区成立开始，大九湖先后经历了挖渠围田、采伐木材、种草养畜及高山反季节蔬菜种植等开发活动，导致近 7 万亩的湿地、林地被破坏，60 多万立方米的木材被采伐，森林覆盖率大幅下降，生态系统遭到破坏，山林、湿地在调节气温、净化空气、涵养水源、保持水土、防风护沙等方面的功能严重退化。

2006 年开始，在省委、省政府大九湖现场办公会精神的指引下，湖区确立了“生态优先，科学修复、适度开发，合理利用”的保护方针，成立了大九湖湿地公园管理局，实施了大九湖湿地与恢复工程，引领大九湖湿地保护与修复及旅游发展，走生态文化旅游协调发展的道路。

但是，人类的生产生活不可避免地会对环境造成影响，而大九湖又是南水北调中线工程重要的水源涵养地，考虑到大九湖湿地的脆弱性及其生态功能的重要性，为进一步保护好生态环境，确保“一汪清水送京津”，2012 年 8 月 23 日至 25 日，湖北省委、省政府在神农架林区召开现场办公会和三级干部会，决定对大九湖实行整村生态移民搬迁，大九湖村从原大九湖湿地搬迁至大九湖镇坪阡村。6 年以来，林区党委、政府坚决贯彻落实省委、省政府决策部署，一届接着一届干，攻坚克难，埋头苦干，全面实施了大九湖整体生态移民搬迁工程，截至目前，大九湖生态移民实际总户数 373 户（不含后代分家和空挂户），已签订搬迁协议 354 户，未签订协议 19 户（其中，原集镇 8 户、农村 12 户）。

在实施整体搬迁的同时，大九湖镇同步开始推行退耕还林、退耕还园和“三绿”工程，完成了所有搬迁户农田的改造工作。

（二）“金山银山”转化

搬迁后，大九湖生态环境得到明显改善，为保障居民搬迁后的生产生活不受影响，林区政府因地制宜，进一步加大对旅游资源的开发和利用。

旅游景区

1. 引入神旅集团和其他民间资本，成立大九湖旅游公司和换乘公司，实施景区封闭式管理，严格人车管控，减小景区环境压力，另外，还将九大湖成功申创为5A级景区，“云间湿地、天上九湖”成为神农架一张闪亮的名片。

2. 科学规划搬迁新村，聘请著名专家操刀设计，结合川鄂古盐道文化，打造具有鄂西特色的“坪阡古镇”。同时，一开始就将坪阡古镇按照神农架西南区域的旅游集散中心来设计，同时提高了建设标准，预留城镇发展空间，旅游客运站、换乘中心停车场、加油站、污水处理厂、医院、学校、幼儿园、公安局、银行、公厕、电信综合楼、商业街等配套齐全，提升了古镇旅游接待的硬件水平。

盐道古镇

3. 不断加强对旅游产业的扶持引导。积极争取林区政府、有关部门和企业出台支持政策，推动与中南国旅、湖北中青旅等市场主体合作，不断做大夏季旅游市场，将坪阡古镇养老避暑度假产业做成大九湖镇乃至全区的优势品牌。成功举办“伏羊节”系列活动，持续打造“养生、避暑、人文、长寿”概念，举办夏季篝火晚会，放映露天电影等，拉动夜间经济，营造浓厚氛围。编排“盐工号子”“传统娶亲”等特色节目，走上街头进行实景演出。

4. 坚持“走出去”和“引进来”相结合，持续培育搬迁户的经营能力。因搬迁户多为农民，经营理念落后，服务意识薄弱，缺乏创业增收能力，大九湖镇一方面深入开展旅游培训工作，聘请导师、优秀旅游从业者开展旅游培训，参训人数超过 1 200 人次，组织 6 批逾 100 户到凤凰古镇、木兰镇、莫干山、芙蓉镇等地学习考察，让本地群众“走出去”。另一方面，大九湖镇扎实开展大学生创新创业，完善大学生创业服务中心，成功举办“第一届大九湖镇大学生创业展演大赛”，累计兑付四批优秀创业项目，受到了湖北省政府门户网关注，支持创办“大九湖旅游网”、开设“神农架大九湖”抖音账号、微信公众号，共计吸引关注超过5万人。共达成创业合作意向54份，落地项目32个，签订租房协议并完成改造21户，投资金额达到800余万元，其中新业态领域15个，通过将新业态和优秀创业者“引进来”，激励带动搬迁户更新经营理念和经营方式。截至2019年，坪阡古镇各类宾馆饭店、民宿客栈达到430家，接待床位达到13 000张。“爷爷的疙瘩火”“奶奶的土吊锅”等一批特色餐厅经营业绩突出，受到多家中央和省级媒体关注报道。茶香小镇奶茶店等一批特色餐饮店、怡景美季精品民宿等一批特色民宿、山那边特产等一批本土特产销售商铺在夏季期间受到游客广泛关注。

5. 旅游扶贫，做好农旅融合发展。大力推行“食材本土化”，支持创办蔬菜购销合作社，组建“食材本土化微信群”，推动农业合作社由“入社协议”转为“联合经营”，从简单的“统购统销”模式转化为“年底分红”模式。东溪、青树片区绿色蔬菜大量供应到坪阡，产供销一体化基本建立，一批蔬菜种植大户已初步享受到旅游产业发展的红利。2019年大九湖村共组织对接会20余次，销售本地蔬菜、干货5万多斤，带动80余户贫困户发展精细蔬菜300余亩。

（三）体制机制创新

环境保护是一项长期性工作，要做到持续发力，除了要求广大干部群众有责任、有担当、作风优良、工作踏实，更重要的是建立长期有效的制度体系并进行不断完善更新。

1. 开展生态制度创新，推进科学保护。大九湖村实行资源环境红线管控制度，健全生态保护补偿和环境损害赔偿制度，探索建立区域间横向生态保护补偿机制；建立碳排放权交易制度，推行“神农架”标准；健全考核和责任追究制度，实行自然资源资产和环境责任离任审计，引导各类主体参与生态文明建设。

2. 全面落实主体功能区规划，坚守基本生态控制线。大九湖村深化国家公园试点，优化国土空间开发格局，严格依照主题功能定位发展，严格明晰经营利用的空间和义务范围。明确不同主体功能区的环境功能定位，制定完善各类功能区的生态环境管理目标、污染物总量控制要求、环境风险防范要求、自然生态保护要求和产业准入标准，提出分区生态保护、污染控制、环境监管等管控细则。建立绩效考核制度，确保基本生态控制线内空间不减少、功能不降低、性质不转换。原则上将重大项目布局在优化开发区和重点开发区。

3. 健全环境保护联动机制，加大环境综合治理力度。大九湖村健全跨部门、区域、流域水环境保护联动协作机制，强化跨界水污染事故纠纷调解机制，推进跨界联合监测、联合执法、应急联动、信息共享工作，妥善处理跨界水污染纠纷和环境突发事件。建立健全以水质目标管理为核心的流域水环境管理工作机制，重点抓好香溪河、南河、沿渡河和堵河流域水环境综合治理和生态修复，以“涵养水源、水土保持”为重点，既确保水功能区达标水域且继续保持优良水质，又治理并改善重点水域。

三、工作成效

（一）生态恢复全面加强，提升了地气

大九湖村以生态修复、资源保护为重点、为抓手，依法积极履行资源保护和生态修复的职责，充实保护力量、加大资金投入、完善保护基础设施、提升保护手段、创新保护工作的体制与机制，全面加强了生态保护工作。一是确立了大九湖保护与利用的方针、定位，明确了大九湖国家湿地公园及省级湿地保护区规划范围内的土地、山林权属及四至界线，依法停止了当地群众和外来客商在湿地规划范围内进行的任何对湿地有破坏的开发活动，资源保护工作得以加强。二是自2008年以来累计完成投资近2.8亿元，先后实施了湿地保护与恢复及公园建设等一系列工程，对遭到破坏的湿地及山林进行退耕还林、还泽、还草、还湖工程，完成湿地核心区内的生态移民工程，大九湖的

生态环境基本恢复到了20世纪80年代初的水平。三是加强站所自身建设，健全各种管护制度，优化两个管理所人员配置，提升资源管护能力，配备GPS、电脑、照相机、对讲机等资源管护装备，管护面积分片包干，责任到人，管护范围全覆盖，严厉打击破坏森林及湿地资源的违法行为，实现资源管护网格化管理。四是建立泛大九湖保护机制，实行周边县市联防，局镇协作联保，开展防火演练，强化护林防火工作，做到责任、制度、措施、台账“四落实”，努力做到火灾零报告，确保全年无森林火情、火灾发生。五是完善了体制与机制，实行森林公安与行政公安资源整合等措施，强化资源保护手段，监督湿地资源开发利用活动和生态环境保护工作，指导和监督重大生态环境建设、生态破坏恢复整治、病虫害防治和湿地环境保护工作。

云间湿地

（二）基础设施逐渐完善，汇聚了人气

以“打造世界著名生态旅游目的地”为目标，通过项目争取，大九湖村先后实施了一系列基础设施改善工程。一是顺利实施了一批基

建项目。如投资 1 400 万元完成了大界岭商业街、董家湾广场舞台、四座景观桥、景观打造以及商业街和步游道建设等旅游配套设施提升工程。投资 760 万元完成了盐溪街安置小区场平及道路工程。投资 700 万元完成了 61.3 千米生命安防工程，成功申创省级“四好农村路”示范乡镇。董家湾水厂升级改造工程、污水处理厂升级改造工程也即将竣工，餐厨垃圾中转站预计 2020 年内投入使用。二是积极推动招商引资项目和新建项目落地。大九湖盐道水街一期项目，已累计完成投资 1.8 亿元。大九湖宾馆、大九湖文创基地、坪阡福利院等新建项目推进有力。野人坊剧场、野生动物救护中心等新建项目正在积极推动落地。三是交通条件不断改善。大九湖距离沪蓉西高速沿渡河路口 35.5 千米，距离巫山县城 116 千米，距离神农架机场 88 千米，距离巫山神女峰机场 144 千米，此外郑万高铁正在建设中，溪丘湾站至坪阡古镇仅需 1 小时车程，届时大九湖镇交通将变得更为便捷。

（三）对外名片不断升级，扩大了名气

积极响应林区党委、政府号召，创新工作方法，坚持“找专业人做专业事”，成立大九湖旅游公司，托管神旅集团，景区管理水平不断提升，基础设施建设不断完善，旅游服务经营不断规范，对外宣传推介不断加强。大九湖国际重要湿地、国家级湿地公园等一张张响亮名片，神农江南、湖北的“呼伦贝尔”等一项项美誉，享誉省内外。大九湖已从一个“养在深山人未识”的地方小景，一跃成为“天下谁人不识君”的旅游胜地。

（四）产业结构逐步调整，带旺了财气

大九湖村牢固树立“绿色决定生死”“绿水青山就是金山银山”的发展理念，以申报世界湿地名录、实施大九湖生态移民搬迁及坪阡盐道古镇项目建设为契机，平衡四季旅游、打造全域景区，全力创建世界著名生态旅游目的地。把发展旅游、做强旅游，作为拉动大九湖经济发展的“火车头”、助推老百姓增收致富的“主抓手”，开发特色旅游农产品，走出了一条具有大九湖特色的绿色崛起、跨越发展的

全新道路。

2011 年大九湖村共完成经济收入 1 500 万元，农民人均纯收入 4 200 元。2018 年，大九湖镇接待游客 58 万人次，旅游综合收入达 1.74 亿元，占全镇经济总收入 75%，村民人均旅游业收入过万元。

四、经验启示

人类必须认识到，在部分生态环境脆弱且生态功能也十分脆弱的区域，人类传统的生产生活方式必然与环境保护形成冲突。通过环保技术升级来缓和这一矛盾成本过高，指望制度变革来解决矛盾速度太慢，且需要满足的客观条件也较多。

从大九湖村整体搬迁后的效果来看，改变村民生产生活方式是一种在目前阶段相对合理的解决方案。一方面，村民让地，退出传统生活区域，直接避免了人类生产生活给环境带来的污染破坏，给生态修复创造了条件和可能。另一方面，环境的修复改善和重新建设的小镇为旅游业的进一步发展提供了条件，居民从第一产业向第三产业转型的过程也是当地生态转型的过程。塞罕坝的发展也可以看成从农业到林业转型的过程，虽然与大九湖有诸多差异，但也证明，在特定情况下，人类生产生活方式的变更可能是解决人与环境矛盾的一种极佳选择。

在南水北调工程实施的大背景下，涵养了南水北调中线工程十分之一水源的大九湖，必须走上保护生态环境之路。“送人玫瑰，手留余香”，清水送去了京津，美景留给了自己，留下的更是当地居民世世代代靠山可以吃山的金饭碗。

案例二

“绿水青山”变成了“金山银山” 生态旅游扶贫绘就深山乡村绿色发展新画卷

湖北省丹江口市官山镇骆马沟村

一、背景情况

（一）简要概况

骆马沟村位于湖北省武当山背后官山镇，面积22.7平方千米，耕地1 173亩，林地29 685亩，全村共4个小组，246户931人。到2014年，人均可支配收入仅5 000多元，建档立卡贫困人口175户618人，贫困发生率68.23%，是官山镇具有代表性的贫困村。村民住的是土坯房，走的是泥巴路、喝的是河沟水，供电无保障，土地贫瘠，生产生活条件十分艰苦，青壮年都迫于生计外出打工，整个山村变成了典型的空巢村、老人村。

为改变穷乡僻壤的面貌，2014年8月，骆马沟村走出大山，利用身处武当山腹地的地缘优势和辖区内雄奇秀丽的大明峰为卖点，招商引资，联系从骆马沟“走出去”创业成功的民营企业家回乡创业，签订了开发武当大明峰生态文化旅游景区协议。至今，已投入资金达6亿多元，昔日贫穷落后的贫困村建成4A级旅游景区。

2019年10月，骆马沟村大明峰开园营业，结合景区开发建设骆马沟村将居民搬迁小区打造成为服务接待游客的“民宿休闲居”，扶持农户开办的农家乐和小花园、小果园、小菜园、小药园、林下经济、农业生态观光园迎来八方来客，把“生态环境”变成“生态经济”，村民实现了坐在家中“卖”风景的愿望。

（二）生态资源优势

骆马沟村地处南水北调中线水源地——丹江口库区上游，南依中国道教名山武当山，东眺碧波荡漾的丹江口水库，北连中国第二汽车城十堰，西通神农架风景名胜区，境内有武当山72峰之一的武当大明峰，地貌奇特，森林遍布，素有“武当后花园”的美称，旅游资源丰富。通过发展生态旅游，骆马沟村正在把穷乡僻壤处的“绿水青山”变成了真正的“金山银山”，2019年全村经济总收入1 862万元，人均10 023元，比2014年增长67.16%，摘掉了贫困落后村的帽子。

穷乡僻壤变景区

二、主要做法

骆马沟村以武当大明峰生态文化旅游区开发建设为依托，凝聚“绿水青山就是金山银山”发展共识，做好大明峰景区配套服务文章，重点规模化发展生态观光农业、精果林业、生态养殖业、民俗农家旅馆和配套服务业，通过游客的带动，让“山货”走出了“山门”。实现了旅游产业带动村民脱贫致富，成为旅游促脱贫示范区和美丽乡村示范区。

（一）守护“绿水青山”

为确保生态环境不因景区开发建设而遭到破坏，骆马沟村委会与武当大明峰旅游开发有限公司形成以生态保护为主，修复建设为辅的共识，大力开展“四化”建设。累计投入 1 200 万元，首先对受到生态扰动的区域重点实施水土治理、植被修复和植树造林，全村森林覆盖率达到了 95%，实现了“绿化”；投资 1 200 多万元对村民居住和生活环境进行优化改善；经统一规划、统一设计，50 多幢整齐精致的“民俗别墅”在青山绿水间拔地而起，且卫生室、文体广场、民俗路灯、民俗文化院墙、福利院一应俱全，实现了对村容村貌的“美化”；投资 4 600 余万元，新修骆马沟村 5.5 千米景观公路，投资 3 000 余万元治理神仙河水系 5 000 米，九个龙潭堤岸植绿成美景，民俗墙、廊桥、古亭、夜景灯，形成白日溪水潺潺绿树成荫，夜晚彩灯映照多姿的美丽风景，实现了村貌的“亮化”；承诺不让“一滴污水流入丹江口库区”，投资 500 万元建成污水处理站和垃圾中转站，作为配合政府建设的农村环境综合整治项目，建成了全村污水管网和垃圾处理系统，实现了村庄污水垃圾的“净化”。

（二）转化“金山银山”

骆马沟村通过发展生态旅游业，招商引资，引导从骆马沟“走出去”的民营企业家回乡创业，签订了联合开发武当大明峰的生态文化旅游景区协议，计划投资 8.2 亿元，目前，已建设了大明小镇、不忘初心教育基地、万米栈道、观光索道、玉顶玉殿、体验性文化项目和作大明时期建造的酿酒坊、油坊、碾坊、磨坊、豆腐坊举办了各类供游客参与的体验类农事活动、民俗农耕等旅游项目。尤其从伊朗运来的 300 多吨白雪公主玉打造的大明玉殿，是继 600 年前明成祖北建故宫南建武当至今，我国乃至世界建造的唯一的玉殿，与武当山金殿形成金玉良缘，形成集自然生态观光、民俗农耕体验、休闲度假康养于一体的旅游景区。

2019 年 9 月 22 日试营业开园迎客。结合景区开发建设将居民搬迁小区打造成为服务接待游客的“民宿休闲居”，扶持农户开办农家乐，建设小花园、小果园、小菜园、小药园、林下经济、农业生态观光园，2019 年全村实现经济收入 1 862 万元，人均 10 023 元，比 2014 年增长 67.16%。贫困闭塞的骆马沟一跃成为富裕村，村民实现了坐在家中“卖”风景的愿望。“生态环境”变成“生态经济”，守了千百年“青山”“穷山”变成了“金山银山”。

骆马沟村民宿明山水居

（三）体制机制创新

1. 坚持保护环境，提高生态建设标准。骆马沟村始终把环境保护和生态建设放在经济社会发展的首位，遵循“生态环境是景区健康发展的生命线”的理念，在开发建设和运用过程中，制定了切实可行的环境保护和生态建设措施，并严格实施。与景区公司联合制定了环境卫生保洁制度等“村规民约”，其中涉及环境保护和环境卫生管理的有 10 多条，对家家户户环境卫生一月一检查评比，奖惩兑现，以奖促治、以罚促治。每户村民的屋前配有新型垃圾桶或垃圾箱，村委会聘请 5

名村庄保洁员，公司聘请10名环卫工，共同打扫全村的卫生。景区、广场、公路上，到处可见他们的身影。真正实现了“家家讲卫生、全员来环保”的氛围。如今破坏环卫设施、村道上堆放杂物、散养家禽家畜、垃圾随意堆放、污水乱流等现象没有了，一个环境优美、四季花香的美丽乡村热情地欢迎四面八方的游客。

2. 坚持理念创新，激发生态建设活力。在大明峰景区开发建设过程中，经过与多位文化旅游专家的论证和外出考察学习，决定将大明峰打造成以旅游观光为核心，参与体验、休闲度假为主体的综合旅游度假区。村民在景区务工，同时带动了大山中农副产品的俏销。村民留在家中，就可通过劳动获得合理收入。

三、工作成效

（一）打牢“环境美”基础

以美丽乡村为载体，以“把山村当作城镇建、山水当作园林建、庭院当作花园建”为基本思路。按照一户一院、一院一景、一景一特的思路，骆马沟村实行了整体搬迁，实行统一建房，家家住别墅，建成了一个村在园中、水在绿中、房在花中、人在景中的现代新型生态村庄。

骆马沟村村民生态搬迁小区

（二）达成“生活富”目标

坚持以生态为本、产业为基、百姓为根的思路，建成武当大明峰国家4A级旅游景区，营造农耕、乡居、特色乡村生态文化旅游，为农村居民拓展增收致富渠道，在守住青山绿水的同时，实现了集体经济和村民富裕的快速发展。2019年该村经济总收入1 862万元，人均10 023元比2014年增长67.16%。村集体建起了“利民客栈”，扶持兴办了武当仙山蕊蜜中蜂、丹江口市启涛道菊种植、丹江口市畜旺生态养殖、丹江口市宏顺生态种养殖以及丹江口市春生现代园艺等苗木花卉种植、特色养殖、生态种植等5个专业合作社，吸纳贫困户157户573人入社，人民生活水平显著提高，集体经济实力显著增强，全部农户都住上了别墅，基本实现了整体脱贫目标。

（三） 抓住“青山绿”关键

投入1 200万元，对生态破坏严重的地块重点实施水土治理、植被恢复和植树造林。大力实施造林绿化，投入3 000余万元，开展1 000亩退耕还林建设，植树造林5 600多亩，打造了自然生态的绿色村庄。

四、经验启示

（一）坚持以利民为切入点，持续改善生态环境

坚持以人民为中心的发展思想，汇聚民智民力，充分激发生态文明建设内生动力。以乡村振兴、美丽乡村建设等为抓手，累计投入1 200万元，对生态破坏严重的地块重点实施水土治理、植被恢复和植树造林。目前，全村绿色生态覆盖率达到95%。投资4 600余万元，新修景区（骆马沟村）5.5千米景观公路。投资3 000万元用于神仙河5 000米水系治理，九个龙潭堤岸植绿成美景，民俗墙、廊桥、古亭、夜景灯形成白日溪水潺潺绿树成荫，夜晚彩灯映照多姿美丽风景。投资500万元对生活污水处理管网和垃圾处理系统进行了优化改造，建设了机械处理污水厂。配备新型垃圾桶、垃圾箱和村庄保洁员，让天

更蓝、水更清、空气更清新、食品更安全、交通更顺畅，让人民有更多获得感、幸福感、安全感。

（二）坚持以富民为主攻点，实现共同富裕

以生态旅游为核心，以群众增收致富为目标，居民区变景区，环环相扣，互相反哺，互动发展。采取“政府政策扶持 + 公司扶持资助 + 农户旧房拆迁补偿自筹”方式，结合扶贫搬迁，新居均以服务景区接待为目标进行高标准设计和建设，扶持农户开办农家宾馆、农家乐并将旅游配套服务融入小区建设之中，为村民增加收入脱贫致富搭建平台。统一规划、统一设计，投入资金 290 余万元配套建设美丽庄园，先后为小区建设了卫生室、文体广场、休闲游园、民俗路灯、文化围墙、污水处理站等附属功能设施；还投入 100 余万元进行园林和民俗文化建设；建起了大明小镇整齐精致的“民俗别墅群”，并打造成“民宿休闲居”，开办农家乐，发展小花园、小果园、小菜园、小药园、林下经济、农业生态观光园。

骆马沟村与景区联合开发共建的生态旅游经济发展取得了阶段性成效，不仅就地为村民提供就业致富岗位，而且辐射带动周边 4 个重点贫困村 744 户 2 295 人贫困人口脱贫致富，未来骆马沟村还将通过提供旅游服务、从事旅游配套产业、发展特色种养殖产业、合作社入股分红等多渠道增加就业，普惠带动官山镇 1.3 万余群众脱贫致富，把“生态环境”变成“生态经济”，使村集体经济强起来、群众钱袋子鼓起来。骆马沟村创造的乡村生态旅游扶贫模式一跃成为了十堰市生态建设最优良、扶贫效果最明显、扶贫措施最精准、扶贫影响最持久的扶贫模式，骆马沟村“绿水青山”正在变成“金山银山”。

案例三

建“中国山区幸福村”
做“绿水青山就是金山银山”
理论实践者

湖北省襄阳市保康县马桥镇尧治村

一、背景情况

尧治村地处山区，平均海拔 1 600 多米；该村还是矿区，磷矿石储量 2 亿多吨，年开采矿石 300 多万吨；同时它还是居民生活区，160 多户 640 多人生活在占地 33.4 平方千米、建有 160 多幢别墅的两个现代化小区里。

湖北保康尧治河村幸福村庄门牌坊

尧治村获得了诸多荣誉，如国家 4A 级景区、全国文明村、中国十大幸福村庄、全国十佳小康村、全国休闲农业和乡村旅游示范村、全国最美休闲乡村、全国首批乡村旅游重点村、国家生态旅游示范区、国家生态公园和“绿水青山就是金山银山”实践创新基地。

获得荣誉

地处保康、神农架和房县三县（区）交界处的尧治河村，以中国山区幸福村为发展定位，以矿区变景区、居民区变景区、山区变景区“三区”融合建设为依托，凝聚“绿水青山就是金山银山”发展共识，补齐生态环境短板，大力发展生态经济，突出抓好乡村振兴，在“绿水青山就是金山银山”实践创新基地创建上走出了一条“三区”融合的新路子，让绿水青山“流金淌银”、美村富民。

二、主要做法

（一）矿区变景区，“绿水青山就是金山银山”理论落地生根

“九分山水一分田”的尧治河村，在 1988 年开采磷矿前，村民人均年收入不足 300 元，生活极度困苦。磷矿让尧治河村摘掉了穷帽，并由全县的极贫村变成首富村；但同样也是磷矿，差点毁了尧治河的绝美山水。在疯狂挖矿的年代，尧治河的田毁了、山毁了、河水也几

乎断流了。村子里废渣遍地、尘土飞扬。

只有在不破坏生态环境基础上开发矿产资源，最大限度恢复和留住尧治河的绿色，让大矿区变成大景区，才能给子孙留活路。尧治河村认识到“绿水青山就是金山银山”重要性，决定对矿区进行治理。

矿区变景区第一步，实施生态恢复治理。为确保生态环境不因开矿而遭到破坏，尧治河先后三次修改《村民自治章程》，把山林植被的保护纳入重要议事日程。先后关闭 15 个露天采矿点、8 家矿粉厂，3 家想入村投资的企业因环保问题被否决；累计投入 2.8 亿元，对生态破坏严重的地块着重实施水土治理、植被恢复和植树造林；还建起了功能各异、各具特色的生态苑、环保苑、节约苑、和谐苑等“四苑”。目前，全村绿色生态恢复率达到 92%。

村民别墅

龙门广场

湖北保康尧治河村矿山公园地标

矿区变景区第二步，实现磷矿转化增值。近年来，尧治河与中国工程院、中国科学院及大专院校建立深层次合作关系，挂牌成立了磷化工新产品研究中心、院士专家工作站，现已获得包括雾霾治理在内的 5 项国家专利，为尧治河企业绿色转型奠定了基础。同时，尧治河村还在十堰等地开办货场，按照环保标准建起了 6 家矿粉厂和一个年产 15 万吨的大型配矿厂，实现了资源的有效利用和转化增值。

矿区变景区第三步，把旅游建成支柱产业。2013 年以来，尧治河先后投入 5 亿多元建设景点及配套设施，树立了村在园中、厂在绿中、房在花中、人在景中的标杆形象，并在境内 4 大谷 26 峡建有景观 67 处。同时，还将废弃矿洞改造成“神话世界”地下景观旅游项目，利用矿渣填平沟壑，建成了农耕文化博物馆、中国磷矿博物馆等。这些因势利导的创意场馆建成后，与尧帝神峡、老龙宫、太极养生馆相辅相成，成功打造出 3 个国家 4A 级景区。

中国磷矿博物馆

（二）居民区变景区，“生态环境”变“生态经济”

尧治河村富起来后，投资 5 000 多万元改善村民的居住和生活环境。经统一规划和设计，160 多幢整齐精致的别墅洋房在青山绿水间拔地而起，且文体设施、卫生室、福利院一应俱全。近年来，该村又对 136 千米村级公路进行了拓宽刷黑，对生活污水处理管网和垃圾处理系统进行了优化改造。先后耗资 2 000 万元建起了 5 座污水处理厂和 2 个垃圾处理厂，配备新型垃圾桶、垃圾箱和村庄保洁员，并成立村环境卫生协会和文明储蓄所。建立三日一检查、一月一评比的工作制度，让“家家讲卫生、人人抓环保”的绿色生活理念在村民心中生根发芽。

湖北保康尧治河村委会全景

同时，为了将优质环境资源转化为经营创收着力点，该村依托“十个一”文化工程，将别墅群打造为民宿样板间，并开办农家乐和小花园、小果园、小菜园、小药园、林下经济、八月炸农业生态观光园，把“生态环境”变成“生态经济”，村民实现了“坐在家中‘卖’风景”的愿望。把“绿水青山”变成了真正的“金山银山”。今日的尧治河，现代的新家园，村民们可以坐在家里“卖”风景、数钞票。

（三）山区变景区，“绿色方式”造就“生态文明”

位于尧帝神峡景区的尧治河 1 140 主平硐矿区，占地 30 余亩，2012 年开建，至今仍是矿洞里机器轰鸣、矿洞外的运输卡车来来往往，每年这里的出矿量达 40 多万吨。如此繁忙、点石成金的生产工地，现在正在“变绿”的道路上奋力奔跑。

矿洞对面是在回填废石、废渣和土地平整后建起的占地 10 万平方米的磷矿公司办公楼、矿工住宿楼。而楼房一侧是利用处理达标的废水建的一个景点——“喊泉”。为使游客放心，尧治河村聘请具有资质的专业机构对水源水质及氧离子含量进行化验和检测，并在此基础上竖立或悬挂文字标识牌、说明牌，使富有科学依据的检测数据成为尧治河良好生态环境的有力见证。为使生产设施跟四周苍翠的青山合拍，无论是矿井口，还是住宿楼，都是飞檐走壁、古色古香的传统建筑，置身青山绿水间，感受到的已经不仅仅是一种造型之美，更是一种生态文化的意境之美。

1140 主平硐矿区

2019 年 11 月 16 日，在十堰举办的中国生态文明论坛年会上，尧治村被生态环境部授予第三批“绿水青山就是金山银山”实践创新基地，也是全省唯一获评此荣誉的乡村。这份成功得益于尧治河人对“环境就是民生，青山就是美丽，蓝天也是幸福”的追求和向往，得益于“像保护眼睛一样保护生态环境，像对待生命一样对待生态环境”的执着和坚守，更得益于村党委班子始终如一坚持内绿与外绿有机统一、着力推进“绿水青山”转化“金山银山”的胆识和魄力。美丽的尧治河，诗样的“神仙居”，如此的绿水青山，正源源不断地“流金淌银”！

三、工作成效

（一）生态资源得到有效保护

尧治河村山岚起伏，群峰竞秀，古木参天，藤蔓缠绕。边坡林地里金钗、五味子、七叶一枝花、文王一支笔、头顶一颗珠等名贵中草药随处可见，森林覆盖率高达92%。尧治河村因山而富有，因水而灵动，因绿而妩媚，因生态而美丽，因人居而和谐，既是“绿水青山就是金山银山”实践创新基地的实践者，也是持续发展、绿色发展、生态发展、幸福发展的受益者。

（二）经济社会显著发展

2019年，尧治河村实现工农业总产值48亿元，实现税费4.5亿元，农民人均纯收入达到6万元，全村固定资产总值达到38亿元，村集体经济纯收入达到2.5亿元。尧治河的山水，是流金淌银的风水宝地，尧治河村是流金淌银的“中国山区幸福村”。

（三）美丽乡村建设得到显著提升

在“绿水青山就是金山银山”创建工作中，尧治河村坚持以“矿开到哪里，综合治理到哪里；矿开到哪里，美丽乡村建设到哪里”为口号，进一步完善村庄建设规划，着力加强“三边三场三房”（田边、路边、屋边，山场、广场、道场，客房、厨房、茅房）整治工程，把尧治河村建成了湖北省新农村建设示范村。村庄越来越美，村民幸福生活指数越来越高。

（四）发展转型和乡村振兴成效得到充分体现

尧治河三个国家4A级景区每年接待游客30多万人次，旅游收入达2亿多元，村民们实现了坐在家里依靠风景挣钱的愿望，景区旅游等第三产业产值已占尧治河村生产总值的30%。因“绿水青山就是金山银山”实践创新基地创建收益带动的旅游经济，已成为尧治河转型发展中的新的经济增长点。

四、经验启示

（一）组织保障是前提

尧治河村党委一班人坚持底线思维，增强忧患意识，落实落细生态优先、绿色发展总目标，把生态保护、利用、修复、开发摆在压倒性的位置，用全局和长远眼光聚焦本村的绿色发展，为“绿水青山就是金山银山”实践创新基地创建工作的顺利推进奠定了坚强的组织保障。正是有了这一组织保障，尧治河村才能更好地凝聚共识，更好地排除干扰少走弯路，紧盯建设“中国山区幸福村”宏伟目标，用“绿水青山就是金山银山”创建的丰硕成果给村民带来实实在在的获得感和幸福感。

（二）科学规划是基础

尧治河村的特殊性决定了“三区”融合（三区变景区、矿区变景区、居民生活区变景区）规划建设的必要性和合理性。规划是建设的基础。尧治河村先后聘请武汉大学、湖北大学等高等院校的专家学者实地考察论证，请他们拿出详细的规划设计方案，并在此基础上结合实际不断修订完善。同时，方案经过村民代表大会表决通过，并最终形成共识，为全村“绿水青山就是金山银山”创建奠定了基础。

（三）方法手段是保障

加快生态治理、助推乡村振兴战略，坚持技术创新、激发“绿水青山就是金山银山”实践创新基地创建活力，坚持文化兴村、丰富“绿水青山就是金山银山”实践创新基地创建内容，建设美丽乡村、展现“绿水青山就是金山银山”实践创新基地创建亮点等做法，促进了尧治河村“绿水青山就是金山银山”实践创新基地创建工作的不断推进；以要素保障精细化、政策措施精准化、产业建设精品化、项目谋划精确化推动“绿水青山就是金山银山”实践创新基地创建和乡村振兴工作的协调发展。同时，以“三边三房三场”整治为手段，以绿色矿山、三型矿山（资源节约型、安全环保型和环境友好型矿山）创建为载体，以 11 个协会为纽带也成为了“绿水青山就是金山银山”创新实践中切实可行的方法与手段。

案例四

专注生态先行
走出“绿水青山”向“金山银山”
转化新路径

湖南省娄底市新化县吉庆镇油溪桥村

一、背景情况

油溪桥村位于湖南省新化县吉庆镇东北部，辖12个村民小组267户863人，自然环境恶劣，虽资江第二大支流油溪河流经村里，但田高水低、利用率低，属典型石灰岩干旱地区，曾为省级特困村。近年来，油溪桥村以习近平新时代中国特色社会主义思想为指引，依托自身资源禀赋，举生态旗、打生态牌、走生态路，硬核措施“管”，多管齐下“转”，铁规禁令“促”，撬动“绿水青山”与“金山银山”相互转化，协调推进生态文明建设和经济社会发展，带领全村群众蹚出一条从“荒”到“绿”到“美”再到“富”的生态循环发展新路子，油溪桥村也从小山村锐变成全国文明村、全国乡村振兴示范村、全国乡村治理示范村，全省首个整村创成国家3A级景区，助推“绿水青山就是金山银山”重要思想在乡村落地生根、开花结果。

二、主要做法

（一）突出建管结合，以“硬措施”管出“美生态”

油溪桥绿水青山之美

要实现“绿水青山就是金山银山”，首先要养护好“绿水青山”。油溪桥村在领导班子的带领下，把生态作为根本，加大生态建设、保护、整治力度，夯实了“绿水青山”向“金山银山”转化的先决条件。从理念提升着手抓。2007年，在决定以旅游产业为主导产业后，油溪桥村坚定把生态放到优先发展的战略位置来抓，全方位推进绿色发展，最大限度地巩固发展好生态优势。制定出台了村级发展十年规划，坚持把生态文明理念融入空间布局、产业发展、基础建设、环境保护等各个领域。讲好“有了这棵树、便会有一片森林；有了一片森林，便有了旅游资源；有了旅游资源，便有了游客；有了游客，便有了产业转型；有了产业转型，便有了旅游快速发展，实现个人经济与村集体经济双赢”这个一棵树和一个村的故事，让生态优先发展成为全村共识。从建管结合着手抓，一方面，制订了生态环境建设规划，对荒山、空地和田间绿地进行了统一的美化、绿化，对现有林地实施全面封山育林，对风景林编号存档；规定村民每人每年植树不得少于100棵，村组干部每人每年义务植树不得少于500棵，庭前院落必须栽种四季花果。另一方面，出台严格的保护措施，将严禁乱砍滥伐、禁渔禁猎、禁烟禁烧荒列入村规民约，严格做到不砍一棵树、不污染一滴水、不捕一条鱼、不打一只鸟，坚决守护好绿水青山。抓好生态环境“外在绿”，更抓好绿色生产生活方式“内在绿”。推行绿色生产，率先实施以“限药、减肥、禁烧”为重点的农业面源污染治理，以景区水源保护地为核心扩大封山育林面积，对生活污水推行物理净化方式，对小溪推行筑堤筑坝沉淀净化方式，推动以“靠山吃山、靠水吃水”向“养山富山、保水护水”转变。倡导绿色生活，建立全省首个饮用水者协会，水管龙头通到田间地头；从源头着手防、从户主着手堵、从垃圾分类抓，确保做到常态化保洁。弘扬绿色风尚，在全省首个将禁止燃放烟花爆竹、取缔麻将馆、红白喜事酒席从简等纳入村规民约，引导形成勤俭节约、生态健康的绿色生活方式，切实将生态环保转化为了全民自觉行动。

（二）突出改革创新，以“多步走”探索“互通道”

“绿水青山就是金山银山”实践，既不能靠山吃山“竭泽而渔”，也不能贫守青山绿水“缘木求鱼”。油溪桥村通过接续探索，打通转化通道，利用生态“杠杆”撬动生态转化、产业崛起、乡村振兴，走出一条乡村版“绿水青山”向“金山银山”转化的实践新路。调绿产业结构。以前，受资源环境制约，单一的“粮猪”型产业结构链条短、效益低、生态差。为此，从2008年开始，打破传统农业格局，围绕旅游产业和生态需求，推进稻鱼共生、荷鱼共生等生态种养新模式，积极发展生态农业。现已建成产业基地30余处面积2800亩，其中12处经果林基地、14处稻田养鱼基地、560亩甲鱼养殖基地、80亩荷花园、100亩红梅园，产业结构持续调绿。调整主导产业，努力在“绿水青山”和“金山银山”之间架设通道，依托“绿水青山”发展乡村旅游、生态农业，让山清水秀的村庄“流金淌银”。依托境内油溪河奇、秀、美的资源优势，全村的村庄12年不砍一棵树、植树30万棵创造的绿化率92.8%的生态优势以及清代石拱桥、杨洪岩古风雨桥等历史遗迹，大力开发油溪河峡谷漂流等旅游支柱产业，在全省首个整村创成国家3A级景区，年接待游客6.5万人次，综合收入1 225万元，村集体成立2家旅游开发有限公司。探索“旅游+”模式，将甲鱼、稻田共生、荷花园、四季水果园、梅花园等全部打造成生态观光景点，开发休闲垂钓、稻田摸鱼、中耕锄草等10个农事体验项目，以绿生景、以景带游、以游促产，推动农旅深度融合。培育新型业态。充分扩大油溪桥村全国文明村、全国乡村振兴示范村、全国乡村治理示范村等“金字招牌”效应，充分发挥“石灰岩上雕花”的新时代“红旗渠”精神示范效应，充分讲好不等不靠、自力更生的故事，培育衍生出参观、学习、培训、接待等新业态，目前，集吃、住、学于一体的新培训中心以及风情民宿已接近完工。截至目前，接待全国各地参观考察团队1 300余次，12万多人次，带动一二三产业创收上千万元。

油溪桥民宿一角

（三）突出共建共享，以“铁规定”催生“新常态”

村民不参与，“绿水青山”向“金山银山”转化就无从谈起。油溪桥村通过建牢与群众的联结机制，促进“绿水青山”向“金山银山”转化常态长效、稳步推进。建牢建管机制。将生态建设、保护制度写入村规民约，推动形成建管结合机制。出台生态建设规定，采取村委提供苗木、农户投劳、二八分成的形式推动荒山开发；出台生态保护规定，严格实行林木砍伐审批管理制度，严禁捕鱼、打鸟、烧山、开山采石、挖沙、乱建等行为；目前全村共栽种经果苗木 30 多万株，绿化率达 92.7%，做到了村内四季有花、四季有果、四季有景，打造宜居、宜业、宜游的好环境。建优转化机制。以申报湖南省乡村旅游重点村为契机，制定好村级发展十年规划和旅游总体规划。探索转化通道，充分用好生态环境管护成果，在创新出“夜漂”旅游新产品的同时，积极培育民宿、培训、观光、考察等美丽经济新业态，把油溪桥的风景变成为产业，将美丽转化为生产力，加快推动美丽生态向美丽经济转化。建好长效机制。为推动建立生态共享，油溪桥村宅基地用材补偿办法，按封山育林的要求，村补贴建房户木料费 700 ～ 1 500 元；修订村规民约，山林地只能造林、不能砍树，同时以分享美丽生态、旅游发展红利的形式补偿；创新推出村级事务积分考评管理办法，设定全村农户生态林基础分为 100 分计入积分管理，根据村民参与生态建设情况加减分，并以此为依据参与分红，通过建立利益联结机制，使生态建设工作常态长效开展。

三、工作成效

（一）通过“绿水青山”向“金山银山”转化，穷山窝蜕变为“万宝山”

通过“绿水青山”向“金山银山”的转化，油溪桥村从当年的穷山窝变成了公共服务便利的“万宝山”。油溪桥村处处“寸山青、滴水净，无违建、零污染”，触目皆是风景；全村水、电、路、信全覆盖，通达率 100%；完成了农村电网改造工程、数字电视、通信信号覆盖 100%；建好村级综合服务平台等公共设施；抓好了园区环形公路、停车场、环保公厕观景台、导览图、44 千米景区游步道、仿古路灯、污水和生活垃圾集中处理、应急、娱乐等配套设施建设。

（二）通过产业调整，村民的锄头把换成了“金扁担”

推动“绿水青山就是金山银山”转化以来，脱贫致富迈上了快车道，村民们从前只会使锄头把，而今却挑上了发家致富“金扁担”。村民以资金入股30%、劳动力入股15%、土地入股5%的形式加入油溪河旅游开发有限公司、新化县油溪桥旅游文化产业开发有限公司，公司还为为46户146名贫困人口免费提供种苗、农具，扶持贫困户发展特色种养业，村民全部实现“一户一品”或“一户多品”。结合旅游业发展33户农家乐，198张床位；建设3 000平方米的旅客接待中心，住宿床位78张，可同时接待用餐人员700人以上。100多名村民在漂流公司当起了安全员、在农家乐和民宿当上了服务员。

（三）通过点绿成金，“穷土壤”培育出“金品牌”

利用好一条河，充分利用油溪河12千米水道，将这不起眼的小河道培育成漂流景点，打造成了黄金水道。为开发生态旅游资源，油溪桥村成立了两家旅游开发公司，发展了水果种植、养牛、养鱼和甲鱼4个合作社，打造一个集漂流、赏景、吃饭、住宿、体验、购物于一体的休闲农业示范园区。同时，点“绿”成“金”，致力于让山货走出山门，大力推进农业标准化生产、品牌化经营、电商化营销，制订了将农产品转化为旅游地商品的计划，将搭配销售的原生态无公害绿色农产品，变成了勤劳致富的香饽饽。据统计，2019年，全村农户农产品销售额达到265万元。同时，为满足外县、外省游客的需求，正在开发了“油溪桥”公共品牌产品，作为全村旅游商品的地理标志证明商标。

油溪桥村生态蔬菜园

四、经验启示

（一）“绿水青山”向“金山银山”转化，建美环境是前提

始终把优生态、美环境作为最基础的工作，加大生态保护、环境整治力度，着力夯实转化的先决条件。油溪桥村通过建立生态环境监管机制，13 年如一日，栽好致富树并做到不砍一棵树，守好一河水不捕一条鱼，引导村民树立健康环保、生态绿色、勤俭节约的生产生活方式，切实守护好绿水青山、建美生态环境，为打好绿色牌、吃上旅游饭，进而成功实现“绿水青山”向“金山银山”转化，夯实了生态基础。

（二）“绿水青山”向“金山银山”转化，打通互通通道是关键

推动生态经济化，坚持把产业发展作为转化关键载体，抓住县委旅游兴县、绿色崛起等重大战略机遇，结合新化县国家全域旅游示范区创建，把乡村旅游作为集体经济的支柱产业和农民增收的富民产业抓的总体思路，坚持找准着力点，增强转化实效性。无论是第一家漂流公司，还是油溪桥村打造的教育培训中心、风情民宿等，都始终坚持把生态文明理念融入产业开发全过程，始终坚持与新化县旅游立县、全域旅游战略互动，以生态产业良好的发展态势倒推生态建设与保护。

（三）“绿水青山”向“金山银山”转化，形成常态机制是根本

油溪桥村清醒地认识到，要把群众发动起来，没有群众的参与，“绿水青山就是金山银山”这条路就走不通。因此，油溪桥村在推动“绿水青山”向“金山银山”转化的过程中，不论是建立新建住宅用材林补贴措施、制定并坚守村规民约，还是推行积分制管理分红，都始终坚持以铁的制度约束发力，都紧紧抓住优美环境村民共建、生态产业化村民共推、生态发展成果村民共享这个根本，从而形成全村村民人人参与建设绿色生态建设、人人共创共享美好绿色生活的浓厚氛围。

案例五

荒山变青山　铁矿变香茶

湖南省张家界市永定区茅岩河镇大米界村

一、背景情况

俯瞰大米界村

大米界村位于湖南省张家界市永定区西南部，是永定区茅岩河镇最边远的一个行政村，与湘西土家族苗族自治州永顺县沙坝镇、张家界市桑植县利福塔镇接壤。全村海拔在800～1 050米之间，夜间雨露丰富，平均气温16.8℃，石英砂岩地貌，地势较为平坦，土层厚，独特的自然条件孕育了神奇的东方之叶“张家界莓茶”。全村辖12个村民小组243户923人，土地总面积1 500公顷，其中耕地面积2 092亩，人均耕地2.26亩，生态公益林1 500亩，森林覆盖率达92%。矿产资源、旅游资源丰富，有峰峦溪国家森林公园、董家溪石英砂岩峰林、一脚踏三县腰等岩、月亮垭凤凰嘴等景观。近年，大米界村践行“绿水青山就是金山银山”理论，取缔矿山，加强人居环境整治，发展生态产业，大米界村还创建成为永定区的明星村，先后获得多项荣誉称号。

大米界村铁矿山复垦

二、主要做法

（一）“绿水青山”守护

矿山复垦，乡村转型，践行“绿水青山就是金山银山”。大米界村拥有丰富的矿产资源，特别是铁矿，20 世纪 80 年代以来，大米界村陆续建立起 4 座矿山，均为露天开采，大规模的开采行为造成大米界村的青山不再，山体开采的千疮百孔、满目疮痍，肆意破坏植被造成水土流失严重。裸露在外的矿石被风雨侵蚀和冲刷后，“铁水”“污水”横流所过之处花草枯萎，寸草不生。随着当地政府对“绿水青山就是金山银山”理念的认识不断加深，当地村民对良好生态环境质量的需求与日俱增。2017 年，大米界村关闭境内全部矿山，并借着实施国家土地整理、城乡建设用地增减挂钩等项目的契机，对关停后的村内的 4 座面积达 1200 多亩的废弃矿场进行覆土、填平、复垦，结合地区优势资源，在复垦的土地上种植茅岩河镇特色作物张家界莓茶和各类中药材，使得荒山再次复绿，恢复了原有的青山本色。

大米界矿区复垦栽种莓茶

（二）“金山银山”转化

发挥特色产品优势，实现生态产业化，构建绿色致富模式。大米界村依托茅岩河风景名胜区这一资源优势，因地制宜开发精、特、优的特色农业，在复垦土地上大力发展张家界莓茶、烟叶和药材三大产业，延长产业价值链，构建起农村一二三产业融合发展的现代农业产业体系。以莓茶规范化种植、商品化生产、电商化营销，自主创建“大米界雪茶”莓茶品牌，打造张家界旅游“伴手礼”，借力全域旅游，发挥大米界村自然资源优势及区位特点，建设大米界雪茶茶园观光带、茶药观光带、花卉观光带，打造“农业＋工厂＋旅游”的发展模式。并以土地入股和资金入股的方式成立了生态药业专业合作社，建立“公司（合作社）＋基地＋农户”模式，构建企业、合作社与农户利益联结机制，以龙头企业带动发展。生态药业专业合作社目前共有 1 000 多亩成熟的雪茶种植基地，所获利润远远超过以往矿山的盈利。共有

103 户农户入股，几乎全村所有的农户都在合作社参加劳动，其中建档立卡贫困户 37 户，以分红和工资等形式平均每户每年从合作社获得收入约 2 万元，2019 年销售总额达到 400 多万元。大米界村在产业的大发展中提高大米界村民的收入，带动基础设施的提质升级，给村子带来了跨越式发展，村民逐步走上了增收致富的道路，2018 年大米界整村脱贫摘帽，2019 年大米界村人均纯收入达到 2 万元。

大米界村莓茶茶农采茶

大米界村部及雪茶加工厂

（三）机制体制创新

创新“五金一利”利益联结模式，让莓茶富裕百姓。通过在龙头企业、专业合作社与农户间建立土地流转租金、就业薪金、管理酬金、超产奖金、订单售金、入股红利的利益联结机制，以保障农民和经营组织能够公平分享莓茶特色村镇发展中的“红利”为原则，积极引导企业、合作社结成紧密的共同体，鼓励农民合作组织和经纪人队伍参与市场开拓，畅通销售市场，促进产业良性发展，最终实现企业增效、农民增收。

通过 PPP 模式，构建农村生活垃圾清运长效机制。通过引入社会资本对农村垃圾进行清运管护，提高乡村环境质量，为农村提供就业岗位，引导农村居民参与到环境保护实践中，提升全民参与生态文明建设与践行“绿水青山就是金山银山”理念的意识，积累绿色金融实践经验，积极引导社会资本参与公共基础设施建设、乡村生态环境治理和乡村旅游建设。

大米界雪茶

大米界雪茶首席伴手礼实体店

创新财政资金利用和管理机制。作为农业与文化、旅游深度融合的示范产业，各级政府在其产业融合的各个环节出台了优惠政策，并与精准扶贫工作相结合起来。依据“谁投资、谁受益”原则，激活社会资本，动员社会力量参与“莓茶+旅游”“莓茶+文化”模式的开发建设。整合的项目资金实行“多渠道进水、一个池子蓄水、一个龙头放水”的资金筹集和管理机制。优化产业发展环境，保障“绿水青山就是金山银山”转化通道贯通。

创新人才培养机制。邀请大学教授进行工艺制作培训、营销专家开设营销方面的培训，同时通过手把手教学，使茶农、企业、合作社制作莓茶达到相关标准要求，确保莓茶的质量上乘，提高市场的口碑，为打造属于大米界村的知名品牌做好人才队伍支撑；在进行职业农民培训时，将莓茶产业带中的相关技术、市场信息纳入培训任务，采取“筑巢引凤”等措施，引进生产、加工和营销环节的高端人才。

整治人居环境，创造美丽干净宜居乡村。镇政府加强制度建设，出台镇、村两级人居环境整治考核管理办法和细则，加强与重联重科合作，每村安排清洁员，确保乡村干净美丽，确保青山常在，金山常驻，给百姓一个宜居环境。

三、工作成效

（一）实施矿区复垦，全面恢复生态环境

大米界村铁矿资源丰富，为大米界人带来了财富，也因此带来了水土流失、青山裸露等生态问题。随着对“绿水青山就是金山银山”理论的认识加深，为保护绿水青山，实现自然资源资产与经济双增长，2018年，大米界村以壮士断腕的决心，以国家土地整理和土地增减挂钩等项目为契机，主动关停了村内矿山4座，面积达1 000亩，共筹资120万元，对废弃矿产开展了覆土、填平、复垦、复绿等生态修复工作。同时结合产业发展，大米界村以特色农产品盘活工矿用地，坚持绿色发展，不断提高生态环境质量，为“绿水青山”向“金山银山”转化提供了优秀的生态产品、供给与服务。

（二）不断提高生态环境质量，保障生态产品供应质量

大气环境治理不断加强，空气质量优良天数比例不断提高。大米界村建立了垃圾清运机制，实行垃圾集中处置，农村垃圾治理长效机制体系基本建成。集中式饮用水水源地水质达标率常年保持在100%；种植生态公益林1 500亩，森林覆盖率达92%。

（三）发挥国家地理标志产品优势，打造优质特色农产品

大米界村借助茅岩河丰富的自然资源和独具特色的生态环境，从资源优势、区位特点和产业基础出发，通过城乡建设用地增减挂钩和土地整理在废弃的铁矿山种上了张家界莓茶，成功打造了市级生态药业专业合作社龙头企业，创建张家界莓茶高端品牌“大米界雪茶”“茅岩河高山茶”，着力打造张家界旅游“伴手礼”。莓茶每亩收益在0.8万～1.2万元，加工收益增值5～8倍。

（四）探索“绿水青山就是金山银山”实践路径，切实提高民生福祉

大米界村共建成面积达1 000亩的莓茶园，带动全村参与就业。结合当地的自然景观，利用区位优势，发展茶旅融合项目，通过生态旅游开发，逐渐形成以山水资源为依托，以莓茶为特色的产业路径，

将莓茶园打造成星空营地，形成张家界西线旅游的精品线路，2019 年接待游客 4300 人，乡村旅游已经成为大米界村新兴产业，大米界村也成了永定区的一个明星村，该村先后获得“永定区全面发展村”“张家界市生态文明示范村”荣誉称号。村民逐步走上了增收致富的道路，2018 年大米界整村脱贫摘帽，2019 年村民人均纯收入达到 2 万元。

四、经验启示

一是树立生态资源是最好的发展资源思想。充分依托当地资源优势，在保护优先的前提下把生态资源转化为经济发展的动力。二是注重品牌建设，将地区特色产业发展作为地区名片，加强特色产品的品牌建设，在充分发掘品牌效益的同时，注重品牌的保护，促进特色产业升级和可持续发展。三是促进产业融合，在农业资源优势的基础上，利用“农业 + 工厂 + 旅游”模式与其他产业融合，其开发的茶旅融合促进“旅游 +”工程，在全域旅游的发展理念中具有突出的优势和特点。四是延伸产业链，充分挖掘并展示地方特色，延长产业链，拓宽当地特色农业产业链，形成“有风景可观、有文化可品、有产品可购”的“以绿养文、以文促旅，以旅兴农”乡村振兴模式。五是注重品牌营销，借助电商、移动社交、移动互联网新零售业的发展，加大电商建设和渠道推广力度，创新营销模式提升产业附加值，做好茶旅融合文章，通过旅游扶贫为打赢脱贫攻坚战、村民脱贫致富创造良好条件，让特色产业真正成为当地村民脱贫致富的富民产业。

案例六

立足“水”打造
九洲江流域上的明珠

广西壮族自治区玉林市陆川县良田镇文官村

一、背景情况

文官村位于广西壮族自治区玉林市陆川县良田镇南部，九洲江穿村而过。全村面积 8.5 平方千米，辖 5 个片 21 个村民小组，共 1 276 户 6 154 人。属南亚热带季风气候，气候暖热，热量充足，雨量充沛，冬寒无雪，偶有低温霜冻，土地肥沃，灌溉便利，水稻种植可一年两熟，出产水果有龙眼、荔枝、香蕉、百香果等，主要作物为橘红、剑麻和花生，全村耕地面积 216.3 公顷，粮食种植面积 349 公顷，经济作物种植面积 36 公顷。村民主要经济收入以粮食生产、养猪、养鸡、橘红种植及外出务工为主。良田镇历来是陆川猪产出大镇，特别是文官村，大大小小的陆川猪养殖场七八十家，农户小散养较多。在九洲江治理前，农户屋前屋后养殖污水横流，蚊虫滋生，污水直排九洲江，造成很严重的污染。九洲江是由广西陆川县流经广东湛江地区的河流，2015 年文官村被列入全国跨省区流域治理示范区，文官村处在九洲江广西段的末梢，环境压力较大，开展生态治理，转变经济发展方式迫在眉睫。

二、主要做法

（一）做实“三篇文章”突出绿水青山守护

1. 做实污染源整治文章。深入开展养殖污染治理，共完成 31 家禁养区内养殖场清拆工作，建成 8 家“益生菌 + 高架网床”生态养殖模式养殖场，完成 9 家小散养殖户的储粪屋、储液池、沼气池等治污设施建设。积极开展生活污染治理，选择满足污水收集管道铺设条件的位置，完善村内生活污水治理基础设施建设，做到生活污水应纳尽纳。

2. 做实客家民居风貌改造文章。坚持“花小钱、办大事、变废为宝”理念，做到“少花钱、少砍树、不拆房”，根据本地独特的客家元素，在原有房子的基础上进行立面亮化美化，重新恢复青砖灰瓦白墙的客家民居特色，已改造农户房屋 140 多户，再现粉墙、黛瓦、坡顶、翘角、马头墙的客家民居特色。

篱笆小院

3. 做实绿化、硬化、亮化文章。文官村建成村口的休闲小公园，农民庭院前后也用篱笆围做小菜园，村中绿树成荫，屋前屋后果蔬宜人。完成村道水泥硬化 13 千米，安装了 50 盏太阳能灯。同时，在全村持续推进“改厨改厕”，全村的人居环境得到极大改善。

花园凉亭

（二）做足“三个打造”推动“绿水青山”转化为“金山银山”

1. 打造花园式养殖场，推动传统养殖向现代养殖转变。一方面引导一些养殖水平低、生产条件差、环保措施缺乏的养殖户主动退出，另一方面采用以奖代补的方式，及时指导养殖户整合资源、发展生态养殖。经过村委会大力宣传，一批有远见的养猪户迅速行动了起来，例如，英平猪场按照生态养猪→发电→制肥→养鱼模式进行改造，建设成花园式的生态养殖小区，成为广西生态乡村、清洁水源示范基地。看到生态养殖的好处后，广大养殖户也纷纷效仿，养猪造成的环境污染得到了明显改善。

花园式生态养殖小区英平猪场 1

花园式生态养殖小区英平猪场 2

2. 打造“橘红村”，推动养殖向种植转变。“一片橘红一片金，种一棵橘红树，胜过养一头猪”，文官村大型猪场养殖户忍痛转型，毅然关停了九洲江边的养猪场，带头转型创建了陆川县良田镇春旺橘红种植专业合作社，建设立体生态种养、自动化灌溉系统，形成集种、养及深加工于一体的现代化农业综合开发基地，变身“橘红大王”。小散养户群众也纷纷调整种养结构，拆猪圈种橘红、弃养猪兴加工，发展庭院经济，将文官村打造为“橘红村”。目前，文官村种植橘红 2 000 多亩，还引进扶贫项目兴建了橘红加工厂，进一步提高橘红产销价值，每户每年增收约 2 000 多元，实现生态种养与经济发展齐头并进。

橘红基地

3. 打造产业发展合作社，推动农户小散养向生态化种养转变。按照治理规划，九洲江200米范围内的养殖场、小散养户全部关停拆除。为解决养猪农户的转型出路，文官村委会积极发动群众参与温氏公司“公司＋家庭农场”的养殖模式，引导群众利用拆除养猪场获得的政府补贴在距离村居一定距离的果园、林地上建设家庭养鸡场，发展林下经济，全村40多家加盟农户规模化养鸡有了技术保障、卖鸡销路不用愁，文官村每家每批养鸡10 000～20 000羽，每羽纯利润7元钱左右，每年一般出栏2～3批，一家家庭养鸡场年纯收入就达到了20多万元，与之前养猪相比，农户养鸡的收入足足翻了一倍，而且对环境污染更少，鸡粪还可以作为有机肥销售。文官村里的“香蕉大户”“水蛭大王”“鸭将军”等纷纷涌现。

（三）形成“三个模式”彰显体制机制创新

1. 形成土地流转模式彰显机制创新。按照陆川县出台的土地流转奖补工作方案，大力推进土地流转，流转后连片种植规模50～100亩，每亩补助300元；连片种植规模101～200亩，每亩补助400元；连片种植规模201亩以上的，每亩补助500元；林药间、套作连片种植规模100亩以上，每亩补助300元。目前全村流转用于种植的土地规模达3 500亩。

2. 形成产业扶贫政策激励模式彰显机制创新。按照陆川县产业扶贫实施方案、产业扶贫项目“以奖代补”实施方案，大力推进产业发展，比如，家庭种植面积 1 亩以上的，每亩奖补 2 000 元；饲养鸡鸭鹅 50 羽以上，成活率达 80% 以上的，一次性奖补 2 000 元；养羊 10 只以上，成活率达 80% 以上的，一次性奖补 2 000 元；养猪 2 头及以上，一次性奖补 2 000 元；养殖牛达 6 个月以上的，每头一次性奖补 2 000 元。

3. 形成“一元钱工程”保洁模式彰显机制创新。村民每月每人缴纳保洁费一元钱，用于日常环境治理和维护，积极发挥群众建设、维护生态乡村的主人翁作用，引导全村群众不等不靠，有效地调动保洁员和广大群众自觉建设家园、爱护家园的积极性。

三、工作成效

（一）保护了生态

文官村获评广西壮族自治区级文明示范村。官海屯荣获“广西壮族自治区生态示范村屯”称号，并获评首批广西乡村振兴林业示范村屯，如今的文官村环境优美、景色宜人。

（二）传承了文化

在恢复本地客家民居青砖白瓦的建筑特色的基础上，依托丰富的农耕文化资源，建立了农耕文化馆，收集和保存各类农耕器具。建设完善文化长廊、文化广场等公众设施，大力营造崇文尚礼、和谐文明的文化氛围。

（三）增加了收入

文官村通过统筹农业产业化发展、脱贫攻坚、生态治理、宜居乡村建设，全村形成了香蕉种植、生猪养殖、禽类养殖、橘红种植加工等特色生态支柱产业，群众收入明显增加。

四、经验启示

（一）注重生态效益

通过土地流转，实现土地连片集约化利用和种植。以废弃物资源循环利用为切入点，将养殖的猪粪猪尿、鸡粪等集中处理，转化成为香蕉种植、橘红种植的有机肥。通过推广种养相结合、循环利用的生态种养生产方式，有效改善和提升了生态环境质量。

（二）挖掘特色文化

文化是美丽乡村的灵魂。在人居环境整治和乡村风貌提升过程中，文官村始终注重对本村客家文化、独特风俗等的挖掘、保护与传承，达到既“塑形”又“铸魂”的效果。

（三）激发群众主体

文官村鼓励村民通过土地入股、劳务合作及“家庭农场 + 公司”等方式，积极主动融入农业产业化发展，实现全面增收。同时，引导村民自觉建设家园、爱护家园，让更多村民共享建设成果。

案例七

深入践行“绿水青山就是金山银山”

海南省昌江黎族自治县王下乡

一、背景情况

王下乡地处海南省昌江黎族自治县东南角的霸王岭腹地，东临白沙县，西靠东方市俄贤岭，南与乐东县交界，北接七叉镇，距离县城52千米。地貌类型主要为山地，区域面积约占全县土地总面积的四分之一，是全县辖区面积最大、生态保护最好的乡镇。

皇帝洞

作为昌江县天然的绿色生态屏障，王下乡生态资源丰富多样，风光旖旎，环境优越，拥有最原始纯美的生态山水资源，被称为“昌江肺腑”。同时，王下乡区域内民族文化丰富、特色显著，黎风浓郁，流传着无数神秘而动听的故事传说，特色景观比比皆是，有旧石器时代人类遗址——钱铁洞；有天然溶洞——皇帝洞、地下仙宫等；有人文景观——洪水金字形茅草屋村落；有无以伦比的自然景观——仙女瀑布、南尧河十里画廊等，还有旖丽秀美的田园风光。

洪水金字形茅草屋村落

多年来王下乡因为地处山岭腹地，与县城距离遥远、信息闭塞、基础设施落后，整体经济发展水平长期落后于其他乡镇，传统产业主要为橡胶产业、林下经济和农业经济。2018 年昌江县不断加强生态文明制度体系建设，坚决践行“绿水青山就是金山银山”理念，系统有序地开展“绿水青山就是金山银山”践行与实践创新基地申报工作，并在省内率先成功申报获得“‘绿水青山就是金山银山’实践创新基地”（第二批）称号。基于王下乡生态资源及社会经济现状，王下乡因地制宜，逐步研究摸索出教育移民措施，积极实施森林生态效益补偿并深入扩大生态综合补偿（试点）实施工作成果，大力发展生态农业，优化发展林下经济，实施严格的空间管控与生态保护，着力打造区域一体化的生态文化旅游小镇，随着王下乡深入践行“绿水青山就是金山银山”理念，其经济效益及社会效益明显提升，得到广泛关注、认可。

田园风光——春季梯田

二、主要做法

（一）“绿水青山”守护

1. 教育移民。王下乡是昌江县最偏远、最贫困的乡镇，王下乡的百姓生活落后，生态环境保护意识淡薄，加剧了生态环境的破坏。2006 年 8 月，王下乡首开了海南教育扶贫移民先河，于 2008 年 4 月完成了初中和小学阶段的教育移民。通过教育移民减少生态保护区的人口，逐步改变他们的生产生活方式，山区学子学成归来，又促进了当地群众生态保护意识，提高当地百姓文化水平，这一良性循环有利于保护了生态环境。

2. 生态补偿。为协调好生态保护与经济发展，海南省率先在全国建立省级森林生态效益补偿基金。2007 年，王下乡开始了海南省实施生态补偿机制的首个农民直补试点，制定了《昌江黎族自治县关于王下乡森林生态效益补偿资金管理暂行办法》，同时对资金实行专户管理。与全部群众签订了山林管护合同，王下乡群众均可享受 60 元 / 月的生态补偿金，补偿的实施使烧山砍树现象得到遏制，森林资源得到恢复和保护。

昌江县作为国家生态文明试验区（海南）五个生态综合补偿试点市县之一，按照《生态综合补偿试点方案》（发改振兴〔2019〕1793 号）要求，积极探索创新生态补偿资金使用方式，拓宽资金筹集渠道，提高生态补偿标准，调动各方的积极性，转变发展方式。王下乡境内生态资源保护力度不断加强，生态补偿机制下经济效益将进一步提高。

3. 空间管控。坚守绿水青山，王下乡加强自然生态空间管控，优化生活空间体系，规划逐步形成“一带、一心、三组团”的空间功能结构。严守生态保护红线，增强红线区实行的管控力度，除政府已批复和审定的规划中规定的建设用地以外，禁止与生态保护无关的开发建设活动。

（二）“金山银山”转化

党的十九大以来，王下乡更加坚定地树立和践行“绿水青山就是金山银山”的理念。在利用“绿山青山”和保护“绿水青山”时，积极践行实施“金山银山”转化。

1. 生态旅游。王下乡充分利用得天独厚的地势风貌和自然生态资源，谋划构建全域旅游大格局，生态旅游领域“绿水青山”向“金山银山”转化的探索、建设不断深入。

依托王下乡的优美风光，王下乡正差异化盘活黎族人民酿酒、黎锦、藤编、牛皮凳制作技艺等非遗文化，深入挖掘古人类文化、民居文化、歌舞文化，深度挖掘、凝练民族民俗文化和特征元素，积极建设农家乐，不断提升旅游接待水平。王下乡按照“一村一品”原则实施打造了有“昌化江畔木棉红，十里画廊黎花里”之称的旅游基地和以十七英里景观长廊、淘金体验线、皇帝洞与钱铁洞联线、十里画廊水陆游览线、热带雨林探险漂流线组成的极具特色的山水旅游体验线。王下乡正逐步被打造成为新时代新理念下“中国第一黎乡·海南香格里拉”文旅小镇的特色品牌。2020 年 5 月，黎花里文旅小镇项目揭牌开放，旅游人次猛增，旅游总收入稳定增长，实现生态旅游从无到有的质的转变。

中国第一黎乡·海南香格里拉
——王下乡·黎花里揭牌

黎花里文旅小镇旅游开放

2. 生态农业。通过技术引进及资金扶持等方式，动员群众发挥本乡地区优势，依托王下乡独有的自然资源和良好的生态环境，大力发展橡胶、槟榔等林木产业，结合产业结构调整，发展林下特色经济，如益智林下种植、霸王鸡林下养殖产业等，“以种植为主，养殖为辅，长短结合”的发展思路，全面建设生态型健康产业，推进绿色经济高质量发展，创新发展生态农业产业链，采用“工业产业园飞地”生产模式，加快绿色食品产业园建设，立足特色农产品资源深度开发。

橡胶种植

3. 生态补偿与生态保护。为协调生态保护与经济发展，守护森林生态资源，实现绿色可持续发展。王下乡积极推进集体林业产权制度改革工作，延续签订山林管护合同，乡民可持续享受每人每月 60 元的生态补偿金，王下乡生态补偿总收入达 233.86 万元 / 年，林权发证率 100%，群众满意率 99%，林权准确率 100%，基本实现了“山定权、树安根、人定心”的林改理念。

按照《生态综合补偿试点方案》（发改振兴〔2019〕1793 号）要求，昌江县作为海南省五个生态综合补偿试点市县之一，积极组织开展生态综合补偿试点工作，其中王下乡重点谋划研究森林生态补偿机制，积极创新探索生态补偿资金使用方式，拓宽资金筹集渠道，提高生态补偿标准。

（三）体制机制创新

1. 组织领导体制机制创新。2018 年王下乡“绿水青山就是金山银山”实践创新基地申创工作开始编制实施方案，配合全县“绿水青山就是金山银山”实践创新基地申创工作，设立组织领导机构，建立领导机制与运行机制，统筹协调推动“绿水青山就是金山银山”实践创新基地建设。同时建立昌江县“绿水青山就是金山银山”实践创新基地建设目标分解落实制度，明确工作目标、工作任务、时间节点，强化责任意识，保障工作稳步推进。

2. 生态环境保护机制。昌江黎族自治县坚持探索建立“绿水青山就是金山银山”实践创新智库、价值核算评估应用、绿水青山保护机制，探索推行生产总值（GDP）与生态系统生产总值（GEP）双核算、双运行、双提升机制。率先探索生态补偿机制，守护森林生态资源，对补偿金实行专户管理，专款专用制度。王下乡配合昌江黎族自治县积极探索全县域生态综合补偿的海南省试点工作，建立长效保障机制。同时，继续延续发展王下乡“教育移民”政策。

3. 打造生态产品市场化机制 。通过构筑全域旅游大格局打造昌江县“中国第一黎乡 · 海南第一黎乡”，“旅游 + 交通”“旅游 + 文化”“旅

游 + 农业”融合发展，遵循生态保护与生态共存的发展原则，规划旅游发展产业链。立足昌江实际，发挥昌江优势，将服务业作为产业结构优化升级的主攻方向，按照“强化一产、提升二产、加快三产”的产业发展策略，加快构建以旅游业为龙头、现代服务业为主导、新型工业为支撑、热带高效农业为基础的特色产业体系。

4. 打造生态文旅小镇。昌江以推进美丽乡村建设工作为抓手，结合“山海黎乡大花园”建设目标，打造美丽黎乡旅游发展战略，通过差异化盘活黎族人民酿酒、黎锦、藤编、牛皮凳制作技艺等非遗文化，深入挖掘古人类文化、民居文化、歌舞文化，深度挖掘、凝练民族民俗文化和特征元素，在此基础上，全面启动王下黎花里文旅小镇建设，积极创新生态旅游产业。

三、工作成效

（一）生态环境保护

全县主体功能区战略得到严格落实，生态红线严守严控，生物多样性保护全面加强。2019 年昌江县环境空气总体表现优良，环境空气质量优良天数比例为 99.1%，境内主要河流昌化江、石碌河水环境得到了有效保护；饮用水水源方面，2019 年度石碌水库水质总体良好；近岸海域主要以第一类、第二类海水水质为主，监测海域水质处于清洁状态。王下乡作为昌江黎族自治县生态核心区域，环境空气质量保持良好水平，地表水体水质稳定，饮用水水质安全达标。

（二）产业基础及经济社会发展

王下乡深入践行“绿水青山就是金山银山”理念，一手抓生态保护，一手努力把生态优势转化为经济优势，把生态资本转化为发展资本。

通过教育移民、生态补偿、生态文旅小镇等方式守护了森林生态资源，呵护了“绿色生命线”，保护了生态环境。

近年王下乡的橡胶种植面积稳定在约 1.5 万亩，2019 年人均收入达 1000 元 / 亩，据现有数据预测，2020 年底将实现稳定增加；槟榔种植面积逐步扩大，由 2018 年的 800 亩增至 2019 年的 1000 亩，同时收入由 12 万元增至 35.2 万元；王下乡益智种植面积由 2018 年的 0.2 万亩增加至 2019 年的 0.26 万亩，与此同时总收入由 8 万元增至 9.5 万元，至本年度已经完成 0.3 万亩益智种植；林下养殖是王下乡特色经济产业，2020 年王下乡霸王鸡养殖规模由 2018 年的 3.2 万只调整为 2 万只，实现对当地生态保护红线的严守要求和保护初衷。

通过中国第一黎乡——黎花里文旅小镇的打造，成功将生态环境资源经济产业路径转向生态旅游产业方向。自 2019 年 5 月开放以来，黎花里旅游项目带来游客 3.7 万人次，总收入已达到 25 万元，实现生态旅游从无到有的质的转变，实现产业持续优化。

昌江县王下乡生态农业——霸王山鸡林下养殖

（三）民生福祉改善

为促进生态文明村的创建工作，王下乡实施整体规划，进行民房改造，2018 年对 70 户困难群众的房屋进行危房改造。同年，王下乡投入 200 多万元修建 5 个饮水工程，形成覆盖全乡的饮水工程；加大光缆建设，基本实现网络全覆盖，为黎族同胞的通信提供了坚实的保障。2019 年王下乡党委、政府，在人居环境改善工作基础上，借助基础设施建设，积极打造美丽乡村，加强王下乡民生福祉改善。按照中国第一黎乡的定位，以突出特色、创新开放的理念，遵循“一村一品，一村一景，一村一韵”的要求投入 5 000 万元的资金，重点推进包括旅游服务中心、旅游公厕、停车场、文化广场、村内道路、村庄绿化在内的配套设施建设六大工程项目。为切实解决群众出行难问题，王下乡党委争取了446余万元修建改造了王下乡镇区道路，截至2020年，镇区道路改造工程已完成90%。王下乡正逐步成为“生产发展、生活宽裕、村容整洁、乡风文明、管理民主”良好人居生活环境的新时代社会主义新农村。

四、经验启示

（一）“绿水青山就是金山银山”理念的深入植根

王下乡深入践行“绿水青山就是金山银山”重要理念，努力探索生态产品价值实现路径，以打造“中国第一黎乡”为目标，以发展生态型健康产业、构筑全域旅游大格局为主线，以守护“绿水青山”、铸就“金山银山”、健全“绿水青山就是金山银山”实践创新体制机制为重点，成功探索并实现了教育移民、生态补偿机制，全力挖掘地方民族文化之魂，打造文旅小镇等转化路径。

林下益智种植

（二）生态保护与产业发展有机融合

严格落实主体功能区战略及规划，严守严控生态红线，强化对绿水青山的保护。通过“生态补偿”的方式，让乡民直接尝到保护森林资源、保护生态环境的甜头，遏制了“烧山砍山”，实现绿色可持续发展。利用得天独厚的天然绿色屏障，通过技术引导、资金扶持的方式，推动林下特色产业、生态绿色产业的发展，积极推动生态综合补偿试点。对于乡民来说就是既保护好了绿水青山，又实践了“绿水青山”向“金山银山”的转化。

（三）遵循绿色发展规律

王下乡遵循绿色生态发展规律，利用政府、企业、农民多重组合的模式，保障“教育移民”和“生态补偿”。合理安排布局，完善基础配套措施，在推进风情小镇建设、提升旅游产业质量等发展过程中，优先保护生态环境和自然资源，努力实现绿色发展，科学践行实施“绿水青山”向“金山银山”转化。

第四篇

西北地区

案例一

建绿水青山"幸福"村
做"绿水青山就是金山银山"
理论守护人

陕西省汉中市留坝县火烧店镇烧房坝村

一、背景情况

留坝县地处秦岭深处，全县总人口4.7万人，总面积1 970平方千米，森林覆盖率达91.23%，属国家级扶贫开发重点县和国家重点生态功能区水源涵养区，也是国家南水北调中线工程重要水源地之一，素有绿色宝库、天然氧吧的美誉。火烧店镇烧房坝村位于火烧店镇西北，距镇政府1千米，辖4个村民小组，总户数137户，总人口378人，其中2014年以来22户48人被列为贫困户（其中2016年以来被列为贫困户的共9户10人）。改革开放初期，该村依托丰富的林业、矿产资源，形成了以木材、药材、石材为支撑的林特型经济发展模式，但这样的发展模式不仅没有给群众带来长久收益，反而严重破坏了生态环境。随着生态文明建设不断深入，如何在不突破生态保护红线前提下，克服经济基础薄弱、基础设施落后等困难，带领全村人民脱贫致富成为亟须解决的问题。

经过不断实践探索，烧房坝村紧紧依托"生态立县、药菌兴县、旅游强县”的发展战略，以“四养一林一旅游”为主导产业，在做大做强旅游产业的同时，积极发挥绿色生态优势，做特做优农业产业发展，坚持农旅融合，大力推行“政府＋龙头企业＋扶贫社＋农户”的订单农业模式，依托农产品质量可追溯体系，实现了从农田到餐桌全过程安全保障，成功开发出“博士菇事”、香菇酱等系列产品，形成了“以销定产”的完整产业链，有效助推群众增收脱贫致富，实实在在让“绿水青山”转化为“金山银山”。

二、主要做法

（一）牢守生态底线，保护绿水青山

近年来，该村牢固树立“绿水青山就是金山银山”发展理念，肩负守住这片青山绿水的责任和担当，深入推进城乡环境综合整治工程，实施农村环境综合整治项目，开展“清五堆，改六小，美化四旁”（清五堆：清理柴草堆、垃圾堆、沙石堆、肥类堆，改六小：改造小厨房、小柴房、小厕所、小鸡圈、小猪圈、小牛圈，美化四旁：美化村庄旁、住宅旁、道路旁、沟渠旁）专项行动，深化农村人居环境改善和绿化美化提升，累计栽植绿化苗木 1 000 余株，新增绿地 200 余亩。逐步建立农村人居环境整治群众参与、农村公共设施长效管护、农村垃圾分类收集处理等工作的长效机制。

最美乡村公路

群山连绵

（二）突出生态优势，发展生态产业

近年来，烧房坝村坚持“生态立县、药菌兴县、旅游强县”的发展战略不变，旅游一业突破的发展方向不调，以建设高标准乡村旅游破题，以旅游一业兴带动经济社会发展百业旺，认真践行“四养一林一旅游”的长、中、短相结合的产业发展路径。

繁花似锦

1. 把发展乡村旅游作为长线产业，以特色民宿为代表的休闲度假产品、休闲体验农业产品投入运营；集观光、研学、休闲、养生为一体，覆盖全村，贯穿一年四季的全域旅游产品体系不断丰富；“吃住行游购娱”“商养学闲情奇”等旅游业态不断完善；旅游产业水平不断提高以及产业链条的拉长有效动员了全村群众参与到旅游发展之中来。

2. 把“四养一林”特色农业产业作为中短期产业，将林下散养土鸡、土猪、土蜂、生态食用菌作为短期产业，将林产业（林下中药材、高产板栗、橡子林）作为中线产业，按照“做特、做优、做高端”的思路，适度规模发展，为群众增收奠定了坚实基础。2019 年，全村发展食用菌 40 万筒，中蜂 200 箱，土猪 30 只，土鸡 200 只，中药材 100 亩；全村改造低产板栗林 1 467 亩，橡子林 4 750 亩；农村居民人均可支配收入达到 11 470 元，较上年增加 10.4%。2020 年该村发展林产业的积极性空前高涨，目前已生产袋料香菇菌筒达 60 万筒，下半年预计生产夏菇菌筒 20 万筒，全年实现 80 万筒产量。同时，2020 年新改造板栗林约 500 亩、橡子林 1 300 亩，两年总计进行特色经济林低产改造达 8 000 余亩。

3. 深化农业供给侧改革，推动主导产业转型升级。建立完善政府、龙头企业、集体经济组织“三驾马车”协同作战、详细分工、各展所能的制度，构建农业产业的社会化服务体系，不断提高农民的组织化程度，随着品牌强农战略的深入实施，全村“四养一林”特色农业产业品牌化、产业化、市场化发展稳步推进。全村特色农业产业发展成效显著，食用菌产业发展势头强劲，建设袋料食用菌生产基地 1 个，带动发展袋料食用菌超 100 多万筒。打造“博士菇事”、香菇酱等系列产品，利用电商平台，推动线上线下一体销售，仅“博士菇事”品牌干香菇销售额就达 13 万元。

（三）开展体制创新，壮大集体经济

为破解乡村治理责任主体缺位的难题，该村依托村级扶贫互助合作社，全面加强扶贫合作社建设。不断健全公益性服务队伍，组建了

卫生管护队、自来水管护队、道路管护队，共收取水费3 780元，环境保洁费5 500元，实现了农村基础设施和环境卫生日常维护常态化。同时，以“两会一屋一规”为抓手，不断深化“智志双扶”工作，全年开展道德讲坛6次，院坝评议6次，设立“红榜”宣传典型人物16人，设立“黑榜”曝光2人，“德美屋”积分兑换0.73万元，有力激发了群众脱贫内生动力。在扶贫社的示范带动下，不仅有效推进了乡村治理，而且实现了群众增收，集体经济的壮大实现了双赢目标，2019年，扶贫社累计收入10万余元，2020年预计收入将超过34万元。

板栗丰收

香菇丰收

家家户户贺新年

三、工作成效

（一）主导产业快速发展

在村扶贫社的带领下，全村 100% 的贫困户和 65% 的农户融入了产业链发展，主导产业规模持续壮大，村集体经济收入大幅增加，农村居民收入快速增长。从全县“四养一林”总规模来看，食用菌产业已成为村民增收的主要产业。

（二）产业化程度明显提升

通过扶持引进龙头企业，制定农产品生产标准，积极推行“政府 + 龙头企业 + 扶贫合作社 + 农户”的订单模式，“四养一林”产业化程度明显提升。近年来，烧房坝村培养了一批“土”字号农产品，扩大了留坝农特产品的市场影响力，并通过“扶贫社 + 产业基地 + 能人大户”的示范带动，实现了小农户与大市场的有效对接，最大限度地弥补了农户在技术和销售等方面的短板，发挥了其在种植和采收方面的特长。火烧店镇烧房坝村在 1 个产业基地和 12 户产业示范户的带动下，凭借食用菌产业增收的户数从 2018 年的 1 户增加到 2020 年的 58 户，生产规模也快速增长到 80 万筒，实现翻一番的目标。

（三）产业发展服务体系全面建立

在产业发展中，采取产业发展产前政策扶持、发展中技术服务、发展后拓宽销售渠道三大服务举措，从而降低了群众发展产业的“门槛”，消除了群众发展产业不会干的疑虑，解决了农产品卖难的问题。

四、经验启示

留坝县火烧店镇烧房坝村选取了发展资源节约、环境友好的新产业、新业态、新模式，探索生态经济化、经济绿色化的有效路径，打造了生态和经济良性互动的绿色发展模式。并长期坚持“生态立县”战略，依托得天独厚的自然环境资源，大力促进生态旅游和生态农业发展，一产调结构、二产出产品、三产优服务，将“绿水青山”转变为“金山银山”。

案例二

咬定“绿水青山”突破脱贫攻坚

陕西省安康市镇坪县曙坪镇阳安村

一、背景情况

（一）村情概况

区位情况：阳安村位于镇坪县曙坪镇西部，距曙坪镇中心约 13 千米，距镇坪县城 32 千米，是镇坪县的西大门。

自然状况：该村为边远高山村，平均海拔 1 500 米以上，有耕地面积 1 389 亩，林地面积 14 500.5 亩。

资源状况：村内生态资源、旅游资源、水资源、矿产资源丰富。森林覆盖率达 95% 以上；旅游资源丰富，高山草甸、飞瀑流泉、险山怪崖、古木异树、云海奇观令人惊叹；阳安村位于曙河源头，曙河流经村内河段水量丰富、水质优异；矿产资源以煤碳资源最为突出。

经济社会状况：全村辖 4 个村民小组 176 户 438 人。主导产业为旅游产业。2019 年农民人均纯收入 11 265 元。村内公路通组率达到 100%，移动通信覆盖率 100%，自来水覆盖率 90%。阳安村是贫困村，有建档立卡贫困户 52 户 102 人。

（二）生态资源优势

阳安村地处大巴山主脊南侧，自然资源极其丰富。森林广袤、植被丰茂，动植物群落从海拔 2 600 米到海拔 1 200 米垂直分布，有国家一类保护植物 2 种、2 变种，国家二类保护植物 16 种；国家一类保护动物 5 种、国家二类保护动物 37 种。辖区内河流水质优异、水景优美，流泉、飞瀑、曲水、碧潭极具生态美感，是曙河国家级湿地公园的重要组成部分。高山草甸沿大巴山主脊连绵起伏，如绿色海洋，雄奇壮观，总面积超过 580 公顷。旅游资源独具一格，有飞渡峡国家 4A 级旅游景区、国家级水利风景区坐落村内。

二、主要做法

（一）守护“绿水青山”，厚积生态之基

强力保护绿色，筑牢生态底蕴。阳安村曾经是木材生产重点村、县国有林业总场重点采伐区，群众挣钱靠砍树，生态越砍越差、经济越伐越弱、群众越搬越少，21 世纪初阳安村是全县最贫困的村之一。历经“木头经济”的苦痛，国家封山育林、退耕还林为阳安村带来了转型机遇，县国有林业总场由伐木转为护林；群众垦荒改种树，全村退耕还林达到 1 100 亩，山林绿了、生态好了，为绿色发展奠定坚实基础。2012 年，面对飞渡峡景区与村内麦渣坪煤矿、水田坪电站招商项目之间矛盾，阳安村统一思想，停止水田坪电站与麦渣坪煤矿开发，为开发龙头景区、带动绿色转型打下了基础。

秀丽的阳安村河道

加强生态建设，提升绿色潜力。围绕山绿，群策群力抓护林：村委会聘用天保护林员 1 名、生态护林员 5 名，加强集体林管护；村内国有林的管护工作，实行以护林站为主、村组配合的联动机制。围绕河清，创新举措抓护水：建立“河长 + 警长 + 督察长”制度，加强河道管控与水生态保护，聘用专职河道管理员 2 名，加强河道巡视管理，让人们从下河捕鱼转向生态观鱼。围绕人居之美，建管结合抓增绿：公路绿化 8 千米、节点绿化 6 000 余平方米，居民庭院绿化整村覆盖。围绕垃圾污水处理，完备设施抓护绿：垃圾清运集中统一处理，配套建设污水处理站 1 座，配置移动垃圾箱 30 个，向村民发放垃圾筒 200 余个，旱厕改造率达到 97%；生态基础设施维护：立足县环境保护基金支持，维护费用达到人均 100 元 / 年。

根除生态陋习，保护绿色基础。森林禁伐、山上禁挖、林间禁猎、河道禁渔，禁的都是村民的传统生计。为此，阳安村从 2014 年开始发出倡议书、推广“红黑榜”，规定不燃放烟花爆竹，降低空气、噪声与垃圾污染；不大操大办酒席，减少人情负担、减少厨余垃圾；不滥渔滥猎、乱采乱挖，加速生态恢复，提升旅游体验。乡风文明体现在生活，延伸到生产，成为镇坪县新民风红旗村、法治宣传教育先进村。

（二）转化“金山银山”，壮大生态产业

推进绿色招商，锻造旅游龙头。倾力服务飞渡峡景区开发，景区建设 2012 年 9 月开工，2013 年成为国家 3A 级旅游景区，2015 年成为国家 4A 级旅游景区，2016 年成为国家级水利风景区，2019 年景区游客流量达到 50.6 万人、旅游综合收入 1 670 万元。2020 年，村内罗泉沟项目被列为县文旅投资公司开发重点，在夫妻树区域引进百亩药用牡丹。2017 年，阳安村成为省级旅游示范村。

营造优良环境，打造旅游强村。坚持规划引导，编制《阳安旅游村总体规划》和《阳安旅游村修建性详细规划》。加强旅游基础设施配套，改造提升旅游公路 8 千米，新建公路桥梁 3 座、吊桥 2 座，建设生态河堤 500 米，增设移动通信基站 2 座；加强公共服务设施配套，

建设停车场 1 个，新建 3A 级旅游公厕 1 个、游客休息区 2 处、公交站点 2 个，配套旅游标识标牌系统 1 套；加强民居建设的引导，让乡间建筑成为旅游风景、居住型的房屋成为经营性资产。阳安村加强生态文化建设，以新民风为引领，年年办春晚、季季有活动，是陕西省诗词协会授牌的诗教先进单位、县级文化工作先进集体。

依托旅游消费，培育富民产业。农家乐从无到有、从有到优，实现集群化发展，餐饮服务技能、足浴服务技能等专项培训常态化，村内发展星级农家乐 25 户，组建农家乐协会 1 个，农家乐户均经营收入达到 10 万元以上，带动形成务工就业岗位 120 个以上。依托旅游消费，发展蔬菜产业协会 1 个、养猪产业协会 1 个、中蜂产业协会 1 个，山野菜、林下养殖、林下种植产业快速壮大，农林产品销售从“走出山去找市场”变为“游客进山找好货”。

飞渡峡景区游客留影

抓实生态福祉，保障群众增收。大力发展集体经济，集体经济从无到有，形成货币积累 50 万元，股金投入飞渡峡景区，年均分红 4 万元。

在群众生态政策收益方面，全村退耕还林补助达 200 余万元 / 年。创新扶贫机制，将飞渡峡景区建为扶贫产业园区，4 年累计为阳安村以及曙坪镇共计 484 户贫困户分红 112 万元。

（三）体制机制创新

生态保护的长效保障机制：生态保护建立县、镇、村联动机制，护林、护水、护人居环境，纵向执法强化专职监管，横向监督做足群众文章，为生态保护筑就了坚实保障。

生态旅游的市场开发机制：生态旅游强化规划引导，推进绿色招商，景区经营导向与村落富民项目差异化发展，生态红利极大增强了群众的生态保护意识、生态致富能力。

生态富民的惠民政策机制：在发展生态经济的过程中，高度重视集体经济，实现了集体经济组织的从无到有、逐步变强，发展红利普惠村民；在飞渡峡景区开发中，建立扶贫产业园区为贫困群众配股分红的机制，极大推动了整村脱贫攻坚。

三、工作成效

（一）守护“绿水青山”，生态环境不断优化

森林覆盖率始终保持在 95% 以上，河道水质保持在地表水Ⅱ类标准以上，堪称“南水北调中线工程”最美水源涵养区；村内绿化、美化、净化水平稳步提高，维护与管理建立了高质量的常态化工作机制；村庄建设坚持规划引导，使社会环境与生态环境更加和谐，乡村文明建设树起良好村风，阳安村成为县级精神文明创建示范村、新民风建设先进村。

（二）发展绿色经济，旅游扶贫成效扎实

阳安村贫困面貌已彻底改变，贫困发生率由 2013 年的 26.3% 降低到 2018 年的 1.49%，贫困人口由 52 户 102 人降低到 1 户 1 人（此人为特困供养贫困户），全村不仅实现了脱贫摘帽，而且一跃成为全县经济发展的排头兵。

（三）加快“金山银山”转化，绿色富民效果突出

全村经济结构从一产主导转变为旅游服务主导、农旅融合配套，农业产业从以自产自用的粮食生产为主向多种经营、商品深度开发转变，农家乐等服务业态从无到有、从有到优、从优到特，实现集群化发展；村民收入结构由以农业经营性收入和外出打工工资性收入为主，转变为经营性收入、工资性收入、财产性收入、政策性收入平衡发展的新型结构，全村农民人均纯收入从 2013 年的 8 103 元提升到 2019 年的 11 265 元。

四、经验启示

（一）生态保护的经验启示

生态保护的基层工作，既要有法治监管强力威慑，还要有广大群众的积极参与，法治是保障，群众参与是基础。

（二）生态扶贫的经验启示

良好生态是脱贫攻坚的重要保障，竭泽而渔只能加剧贫困，推进生态扶贫需要变靠山吃山、靠水吃水为养山吃山、养水吃水，立足良好的生态基础才能实现更好的生态脱贫、生态致富。

（三）生态经济的经验启示

阳安村的发展历程，是一个“生态资源派生龙头项目、龙头项目带来生态消费、生态消费回报群众致富、群众得利强化生态基础”的互动环线，其中生态基础是首发要件，产业路径是关键所在。

案例三

立下愚公移山志
万里黄沙变黄金

甘肃省武威市古浪县八步沙林场

一、背景情况

（一）立下愚公移山志，联户承包治黄沙

古浪县地处河西走廊东端、祁连山支脉乌鞘岭北麓、腾格里沙漠南缘，是全国主体功能区规划“两屏三带”中“青藏高原生态屏障”和“北方防沙带”的重要组成部分，是全国荒漠化重点监测县，地势南高北低，地貌分带现象明显，主要有山、川、沙三大地貌形态，并各占八步沙林场面积的三分之一，北部沙区沙漠化土地面积达 239.8 万亩，风沙线长达 132 千米，有重点风沙口 20 多个；县内干旱少雨、蒸发量大，生态极其脆弱。2018 年末，全县常住人口为 38.89 万人，全年实现生产总值 51.06 亿元。

1981 年，已年过半百的古浪县土门镇农民郭朝明、石满、贺发林、张润元、罗元奎、程海六位老人在承包沙漠的合同书上按下了红手印，以联产承包方式组建了八步沙林场，承包治理 7.5 万亩荒漠，义无反顾地走上了漫漫治沙路，开启了“六老汉”治沙造林的传奇经历；林场现有护林站 5 处，职工 28 名，管护包括八步沙、黑岗沙、十二道沟

等风沙危害最为严重的37.6万亩北部沙区。

今日的八步沙

（二）黄沙不退人不走，誓让荒漠披绿装

从20世纪80年代以来，古浪县建设了南部山区水源涵养林、中部绿洲生态景观林并在北部荒漠区实施了防沙治沙的生态恢复措施，构建了科学合理的土地绿化发展新格局，使古浪县生态环境得到极大改善和提升，绿洲面积向腾格里沙漠拓展比较明显，其中八步沙林场所在地区绿洲向腾格里沙漠南缘明显推进，生态建设取得创造性成果。

移民区建成的养殖基地

八步沙林场从组建开始，大规模开展治沙造林行动，大幅度增加森林生态服务功能价值，创造了林进沙退的治沙奇迹。2009 年，林场开始公司化运营，按照“公司 + 基地 + 农户”模式，建立公司化林业产业经营机制，通过承包实施重点生态建设工程，种植梭梭嫁接肉苁蓉、枸杞、红枣，发展八步沙“溜达鸡”等途径，增加经济收入；同时带动移民区群众大规模发展牛羊等养殖业，实现脱贫致富。

二、主要做法

（一）困难面前不低头、敢把沙漠变绿洲

1981 年春，面对肆虐的沙患，“六老汉”立下“活人不能让沙子欺负死”“无论多苦多累，每家必须有一个治沙继承人，把八步沙管下去”的治沙誓言，毅然卷起铺盖挺进八步沙，带头承包治理荒漠，决然向沙患发起冲锋，展开了治理荒漠、守护家园的攻坚战。刚开始，第一代治沙人没有任何治沙经验，只能按“一步一叩首，一苗一瓢水”的土办法栽种树苗。几经艰辛，终于在沙窝窝里种上了近 1 万亩的树苗。没想到，一春一夏过去，几场大风刮过，活过来的树苗连 30% 都不到；望着所剩无几的树苗，他们没有灰心。后来，他们发现，在树窝周边埋上麦草就能把沙子固定住，刮风时也能把树苗保住。从此，“一棵树，一把草，压住沙子防风掏”的治沙办法开始在八步沙得到推广，终于使种下的苗木成活率达到了 70%。到了第四年春天，沙窝上冒出一簇簇开花的植物，乡亲们奔走相告：过去是沙子撵着人跑，现在是人把沙子赶跑啦！

之后，林场又将治沙重点转向 25 千米之外的腾格里沙漠风沙危害最为严重的黑岗沙、大槽沙、漠迷沙三大风沙口，在腾格里沙漠腹地又造了一个八步沙。

（二）提升生态质量，构筑绿水青山，打造“绿色银行”

多年来，林场不断加大生态建设筹资力度，将国家重点工程林地林木征占补偿费及林场培育苗木全部用于防沙治沙，广泛发动群众筹

工筹劳，累计筹资上千万元用于生态建设，在黄花滩铁柜山移民村梭梭嫁接肉苁蓉200亩，在北部沙区完成防沙治沙防火道路41千米，在十道沟完成防沙治沙工程1 600亩，承担省道308线、金色大道通道绿化及维护37.5千米，在七道沟修建撒野放牧牲收容所一处，在甘蒙省界修建护林站4座。

治理中的八步沙

经过不懈努力，采取乔、灌、草结合，封、造、管并举等措施，林场形成了一条南北长10千米、东西宽8千米的防风固沙绿色长廊，使7.5万亩荒漠得到治理，不毛之地变得郁郁葱葱，打造了源源不断的“绿色银行”，成功实现了从“沙逼人退”到“人进沙退”的转变，在茫茫黄沙上构筑了绿水青山，带来了源源不断的经济效益。

（三）培育产业，绿色惠民，变荒漠成“金山”

经过林场三代人38年的薪火相传、接续治沙，八步沙林场在腾格里沙漠南缘建成了树草相间的绿洲，茫茫荒漠终于焕发出盎然生机，夯实了林场和周边群众生存与发展的基础。林场因地制宜，探索将防沙治沙与产业富民、精准扶贫相结合，实行“按地入股、效益分红、规模化经营、产业化发展”的公司化林业产业经营机制，带动搬迁群众发展产业、增收脱贫，林场职工年收入由原来的年均不足 3 000 元增加到现在的 5 万多元，实现了沙漠变绿、治沙人致富的理想。2012 年以来，古浪县委、县政府针对南部高海拔山区就地脱贫难的问题，大规模实施生态移民易地扶贫搬迁工程，走好“沙窝”变“金窝”的生态环境保护和搬迁移民脱贫致富“双赢”新路子，沿八步沙林场治理的风沙线，先后建成绿洲生态移民小城镇和 12 个移民安置点，搬迁安置群众 1.53 万户 6.24 万人，生态移民搬迁群众人均纯收入比搬迁前增加 3.16 倍，实现了在治沙中致富、在致富中治沙，在荒漠上建设起美丽幸福的绿色家园的愿望。

治沙后建成的生态移民新村

（四）创新机制增活力

治沙是漫长而艰辛的过程，八步沙林场治沙过程中遭受过很多挫折，但都通过坚持和创新挺过来了，并且实现了治沙和致富的“双赢”。1995 年至 2000 年，由于国家“三北”防护林工程政策调整，加上天气持续干旱少雨，八步沙林场发生了严重危机，面临破产倒闭，在困难面前，林场决定以机制创新来谋求发展，林场在附近开垦了 300 亩荒地，打了一眼机井，种植经济作物，以农促林、以副养林，让林场起死回生，使治沙能够继续开展。2009 年，林场引进市场化运行体制，成立了古浪县八步沙绿化有限责任公司，先后承包了“三北”防护林等国家重点生态建设工程，项目收益全部用于防沙治沙；同时探索用“互联网 + 防沙治沙”模式引入社会资本投入治沙，争取到国际国内社会组织参与生态建设，实施了“小渊基金”造林绿化、蚂蚁森林、中国绿色碳汇基金会碳汇林等公益项目。

2016 年，第三代治沙人开始大力推行科学治沙方法，对治沙工作进行网络化管理，同时引进现代企业管理理念，对林场进行全方位、多层次的股份制改革，形成了“公司 + 基地 + 农户”的经营模式，迈开了“以农促林、以副养林、农林并举、科学发展”的新步伐，引领八步沙林场从单纯的防风治沙造林，向着发展沙产业、人与自然和谐共生的方向发展，林木成活率大幅提高，治理沙漠的生态效益和经济效益也更加凸显。

三、工作成效

多年来，八步沙林场“六老汉”三代人付出了常人难以承受的艰辛，战胜了常人难以想象的困难，以“黄沙不退人不退、草木不活我不走”的执着，长期同风沙搏斗，不断同困难抗争，书写了从“沙逼人退”到“人进沙退”的绿色篇章，累计完成国家三北防护林建设任务 13.7 万亩，工程治沙 4 万亩（草方格），封沙育林草面积达到 37.6 万亩，完成通道绿化近 200 千米，农田林网 5 000 多亩，栽植各类沙生苗木 4 000 多万株，花卉、风景苗木 1 000 多万株，在不毛之地的腾格里沙漠建起了绿色防沙带和绿色产业带，取得了巨大的环境效益、社会效益、经济效益，实现了沙漠变绿洲、绿洲变金山的转变，为构筑西部生态安全屏障做出了重要贡献。

八步沙林场“困难面前不低头，敢把沙漠变绿洲”的壮举和其获得的治沙成果使它荣获了 50 多项荣誉称号。2019 年 3 月 29 日，中宣部授予古浪县八步沙林场“六老汉”三代人治沙造林先进群体“时代楷模”称号，号召广大干部群众学习他们勇于担当、努力拼搏、无私奉献、知难而进的愚公精神，引起强烈的社会反响和共鸣；2019 年 11 月 16 日，在湖北省十堰市召开的中国生态文明论坛年会上，生态环境部命名表彰了全国 84 个第三批国家生态文明建设示范市县和 23 个第三批“绿水青山就是金山银山”实践创新基地，古浪县八步沙林场被授予第三批“‘绿水青山就是金山银山’实践创新基地”称号，成为甘肃省首个“绿水青山就是金山银山”实践创新基地。

八步沙被命名表彰

四、经验启示

（一）坚持科技支撑，创新生态治理新模式

八步沙林场从最初探索出“一棵树，一把草，压住沙子防风掏”的治沙土办法，到探索出“稻草沙障 + 沙生苗木”“治沙要先治窝、再治坡、后治梁”等科学治沙模式，再到创新应用“网格状双眉式”沙障结构，全面尝试“打草方格、细水滴灌、地膜覆盖”等新技术，

八步沙林场以不服输的闯劲和拼劲，走出了“以农促林、以副养林、农林并举、科学发展”的可复制、可推广的生态治理新模式，使治理后的荒漠发挥出了经济效益。

（二）坚持多元投入，持续推进防沙治沙

多年来，古浪县积极争取国家对防沙治沙的资金投入，组织实施重点林业生态建设工程；林场积极创新投融资机制，探索“互联网 + 防沙治沙”模式、众筹治沙造林，争取国内外社会资本参与生态建设，支撑林场防沙治沙持续推进。

（三）坚持创新机制，增强防沙治沙活力

八步沙林场经历了联产承包治沙、林权制度改革、探索发展多种经营、引进市场机制的改革与创新过程，增强了林场活力，提高了林场参与生态建设的市场竞争力。同时，林场构建的生态屏障为移民搬迁、助力脱贫打下了坚实的基础，助力贫困村 1.53 万户 6.24 万人搬迁至生态环境已得到改善的北部沙区，走出了一条“沙窝”变“金窝”的生态环境保护和搬迁移民脱贫致富“双赢”的新路子。

（四）坚持生态治理，打造红色教育基地

将八步沙打造成为以爱国主义教育、党性教育、干部教育、生态治理研为主的红色教育基地，以生态治理样板区、沙生植物观光区、特色餐饮服务区等为主的绿色生态旅游景区，集中展示八步沙生态治理成果。成立甘肃瀚海绿洲文化旅游有限公司，投资 8 000 万元，实施八步沙“绿水青山就是金山银山”实践创新基地建设文旅项目，建设游客服务中心、生态停车场、集散广场、省道 308 线地下人行通道、林区防火道路和绿化管道等旅游基础设施建设，推广“绿水青山”向“金山银山”转化模式，为其他地区提供经验借鉴，引领全民参与防沙治沙，激励人们投身生态文明建设，筑牢西部生态安全屏障。

案例四

秉承发扬“贵南治沙精神”全力推进生态建设工作

青海省海南藏族自治州贵南县茫曲镇

一、背景情况

青海省贵南县位于青海海南藏族自治州南部，东临黄南州泽库县，西接兴海、共和，南毗同德，北依贵德。辖区面积 6 649.7 平方千米，辖 3 镇 3 乡 75 个行政村、9 个社区，拥有 1 个省属企业（贵南草业公司），总人口 8.12 万。境内平均海拔 3 100 米，年均气温 3.1 摄氏度，降水量 485 毫米以上，森林覆盖率 14.94%，属高原大陆性气候。县府茫曲镇距省会西宁 254 千米、州府恰卜恰 148 千米。贵南县是沙漠化土地分布较广，沙化危害比较严重的地区，是全国防沙治沙重点示范县之一，沙漠化土地面积达 342 万亩（沙漠面积 142 万亩），占县域总面积的 34.2%，主要分布在木格滩和龙羊峡库区南岸及周边地区。据统计，20 多年来全县投资超过 14 亿元，累计治理沙漠化土地 210 万亩。先后被评为全国防沙治沙综合示范区、全省防沙治沙先进单位、三北防护林建设突出贡献单位、全国防沙治沙先进集体、三北防护林体系工程先进集体等。

二、主要做法

（一）“绿水青山”守护

黄沙头沙漠公园造林图

1. 全面实施国家重点项目。“十三五”期间，贵南全县累计投资4.48亿元，完成人工造林49.09万亩（其中，设置沙障18.35万亩）、封山（沙）育林（草）30.84万亩、森林抚育7.8万亩、黑土滩治理29.1万亩、休牧围栏60万亩、划区轮牧35万亩、毒害草治理21万亩、有害生物防控321万亩、人工饲草地建设1万亩。开展国土绿化提速三年行动后，贵南县利用两年的时间完成省定目标任务64.54万亩的108%。

2. 龙羊峡库区南岸绿色屏障构建行动。切实加大黄河南岸国土绿化工作力度，着力构建沿黄河南岸绿色屏障。依托三北防护林工程、造林试点补贴、龙羊峡库区南部沙漠化土地治理、龙羊峡库区生态综合治理开发项目（江苏援建项目）、农业综合开发等项目，完成人工造林15.85万亩，封山育林5万亩。

黄沙头沙漠公园造林图

3. 重点生态功能区修复行动。以三江源生态功能区为重点，采取人工造林、封山（沙）育林草、封禁保护等措施，不断增加林草植被，恢复和提高生态区的生态功能。依托三江源二期生态保护和建设工程、鲁仓沙化土地封禁保护区建设、防沙治沙综合示范区建设、天然林保护工程、三北防护林工程、农业综合开发沙漠化土地治理项目等生态重大工程，完成人工造林 27.88 万亩、工程固沙 15.62 万亩、封山育林 21.6 万亩。

黄沙头沙漠公园成林效果图

4. 森林质量提升行动。分别在黄沙头至达布江桥西侧，德格滩至原森多镇公路两侧，什则沟，黄沙头，县城河滩，拉干绿色通道至西龙沟及曲卜藏沟，县城北山，全县各寺院，龙羊峡库区南岸，过马营镇老虎口及多什则沟台面，森多镇浪欠沟口等地区共完成森林经营（森林抚育）7.8 万亩。

5. 城乡绿化美化行动。大力发展生态城镇、生态乡村、绿色社区、绿色企业、绿色庭院、绿色校园、绿色机关、绿色营区创建活动，实现城乡绿化一体化发展，打造良好生态宜居环境。已完成全县 79 所中小学校、34 个村委会、22 座寺院、1 795 亩城镇集镇空闲地、茫曲国家湿地公园优化升级补植补栽、9 个城镇绿地（口袋）公园等的造林绿化和 6 个高原美丽乡村村庄绿化，共栽植各类苗木 13.33 万株。

6. 绿色通道建设行动。对从黄沙头西久公路沿线至日琼垭口，从西龙沟至羊曲坎沿，由县林业部门无偿提供苗木和网围栏，由农牧户自种、自管，在公路沿线有人居住的房前屋后栽植青杨共计 1.22 万株。

7. 全民义务植树行动。积极动员全县农牧民群众及干部职工，坚持义务植树的法定性、群众性、公益性，提高适龄公民尽责率，不断拓宽义务植树渠道，创新义务植树形式，提高公众参与度，弘扬植绿爱绿护绿增绿的生态文明理念，已栽植各类苗木 552.48 万株。

（二）“金山银山”转化

干部义务植树

贵南县是青藏高原控制西部荒漠化向东蔓延的重点地区，境内沙漠化土地面积达 342 万亩（其中沙漠面积 142 万亩），占县域总面积的 34.2%，拥有黄沙头、鲁仓 2 个国家级沙漠公园和茫曲国家级湿地公园。20 世纪 80 年代以来，全县各族干部群众秉承和发扬以“保护生态的责任担当、苦干实干的创业精神、植根群众的为民情怀、团结包容的进步思想”为要旨的“贵南治沙精神”，三十载如一日累计治理沙漠化面积 147 万亩，谱写了高寒干旱高原地区的治沙新篇章，先后被评为全国防沙治沙综合示范区和全国防沙治沙先进单位。境内风、光、水等清洁能源富足，动植物资源丰富，有马鹿、雪豹等野生动物 20 余种，冬虫夏草、雪莲等名贵天然中藏药材 30 余种，独有种质资源“贵南黑藏羊”入选“国家地理标志保护产品”名录。

（三）体制机制创新

1. 加强沙区林草植被保护。贵南县认真贯彻落实《防沙治沙法》《青海省人民政府禁牧令》，制定《贵南县生态环境管理办法》和《贵南县生态管护员管理办法》，划定禁牧区域，对沙化土地进行封禁保护，目前已建成木格滩和鲁仓 2 个国家沙化土地封禁保护区共 38 万亩，实施退牧还草 97 万亩。严厉打击盗伐破坏森林草原违法行为，查处各类破坏森林草原一般性案件 60 起，处罚涉案人员 62 人。全县多年来未发生重大毁林和开垦草原案件及重特大森林草原火灾发生，生态建设成果得到有效保障，沙区植被得到有效保护，森林覆盖率达 14.94%，植被覆盖度达 64%。

2. 发挥职能作用为搞好防沙治沙建言献策。为加大防沙治沙力度，遏制沙漠化面积扩大，贵南县人大、政协高度关心、关注造林绿化和防沙治沙工作，根据每年的调研课题，多次深入全县各乡（镇）开展专门视察和专题调研，组织人大代表、政协委员等相关人员，到造林绿化、防沙治沙现场进行实地考察，为县委、县政府科学决策提供第一手资料，定期听取县政府造林绿化和防沙治沙工作专题汇报，并提出要求和建议，每年在全县人代会和政协会上提出关于加强生态和沙化土地治理的意见建议。

3. 强化防沙治沙队伍能力建设。根据森林和草原管护工作实际需要，贵南县在六乡镇组建森林草原生态资源监管办公室，进一步加强县、乡、村三级森林草原生态资源监管工作力度。农牧、林业部门与各乡镇政府积极协调沟通，统筹安排生态管护人员，壮大乡村林草管护队伍。同时安排县森林公安局 2 辆警车，抽调 10 名森林公安干警和 8 名辅警，对全县林地林木管护情况与各乡镇政府进行不定期随时巡回督察，对人为毁坏林木、设施的问题，依法严肃处罚，严厉打击破坏森林草原的违法行为。

4. 加大宣传教育和表彰奖励。贵南县普法办将《中华人民共和国森林法》《中华人民共和国防沙治沙法》《青海省森林草原防火条例》列入“七五”普法内容，每年利用中央 1 号文件精神宣讲、世界荒漠化日、世界环境日等重大时间节点，深入农村牧区开展宣传活动，有效调动广大干部群众主动参与造林绿化和防沙治沙的积极性，营造了人人关心造林绿化、个个支持造林绿化的浓厚氛围，形成全民开展造林绿化行动的良好态势，全县群众义务植树、森林防火等生态保护意识明显提高，破坏森林的不法行为明显减少。根据年初签订的目标责任书，对各乡镇和相关部门防沙治沙目标责任完成情况给予表彰或通报批评，通过一系列奖惩措施，涌现出了一大批防沙治沙先进单位、先进集体和造林大户，实现了生态改善、农牧民增收的双赢目标。

三、工作成效

自 1996 年以来，贵南县历届党政班子将治沙造林作为全县工作的重中之重和头等大事，坚持“一年接着一年干、一任接着一任干、一代接着一代干”的韧劲和执着精神，以“环木格滩生态圈治理为主线，四滩两沟两线一流域为重点”的防沙治沙总体思路，按照外围封育、边缘治理的方式，对外围荒漠区实行封禁保护，实施封沙育林，沿边流沙区实施工程治沙，连片营造防风阻沙林带，首创了杨树深栽造林新技术，试验推广沙障设置、雨季点播柠条、沙蒿等新技术。全县森林覆盖率由 1996 年前的 2.6% 提高到目前的 14.94%，有效减少了风沙灾害天气，减缓了土地沙化、草场退化的速度，原生态环境脆弱的状况逐步得到了修养和恢复，建成了长达 100 多千米的“沙漠绿色长城”，为沙区周边群众提供了宽广的优质草原，群众的生产生活和生存条件得到了有效改善，实现了由“沙逼人退”到“绿进沙退”的转变，铸就了“保护生态的责任担当、苦干实干的创业精神、植根群众的为民情怀、团结包容的进步思想”为要旨的贵南治沙精神。

“十三五”期间，贵南县累计发放各类生态补助资金 3.29 亿元。全县安排生态管护员 1 525 人，年发放工资 3 294 万元，其中建档立卡户占总数的 70%。2019 年，采取三种措施全力破解生态保护与脱贫攻坚双赢发展的难题，一是鼓励村集体和专业合作社参与生态建设工程，完成造林 1.68 万亩，创收 207 万元；二是安排当地农牧民群众 3 100 余人参与生态建设工程，增收在 1 800 万元以上；三是通过发展枸杞、白刺、花椒、杂果等特色经济林，增加项目区内农牧民的经济收入，并在造林绿化过程中当地农牧民可以从事造林、管护等工作获得经济收入。在龙羊峡库区黄河南岸实施建设枸杞基地 3 166 亩、花椒基地 512 亩、白刺基地 4 367 亩、杂果基地建设 3 353 亩。

茫曲镇党委、政府全面践行习近平总书记“扎扎实实推进生态保护”重大要求，牢固树立“绿水青山就是金山银山”的理念，坚持生态建设与生态保护同抓，工程治理与自然修复并重，着力植树造林，全力营造“植绿、爱绿、护绿”生态文明氛围。一是广泛宣传、全民动员。充分利用召开群众大会、宣讲中央和省委 1 号文件等有利时机，借助“村村响”广播、微信等载体，广泛开展春季义务植树宣传活动，引导广大群众主动、积极参与，增强全民绿化意识、生态意识和责任意识，形成人人热心绿化，支持绿化，参与绿化的良好社会氛围。同时以“党建+生态保护”为引领，组织“党员先锋队”“五四青年队”“民兵突击队”“妇女巾帼队”等突击力量，充分发挥先锋模范作用，使植树造林成为村（社区）党支部、群体团组织和辖区群众的自觉行为，长期责任。二是严格把关、提高质量。坚持高起点、严要求，杜绝无根苗、病虫苗及老化苗，为植树造林选择优质良种壮苗。认真把好栽植“质量关”，对补植补栽、新造林进行抽查验收，实行“一株苗木不达标，整户苗木不验收，一户苗木不达标，整村栽植不过关”的抽查标准，做到“人尽其力、物善其用”，确保栽植一片、成活一片、美化一片，为创建茫曲“绿色宜居城镇”保驾护航。三是强化管理、提升成果。针对苗木牛羊啃食、病虫害防治、森林防火等易发问题，制定管护方案，落实管护责任，加大后期管理，全面做到树有人栽，林有人管，确保栽一棵活一棵，植一片绿一片。另外，每年加大对生态管护员的绩效考核，鼓励先进，鞭策后进，特别是对提醒后仍无作为的管护员适时给予调整，确保了“护林使者”的作用发挥，强化了管护成效。四是栽治并重、成效显著。2016 年至 2019 年，全镇在龙羊峡库区南岸及木格滩春季义务植树 15 700 余人次，栽种树木 250 余万株 1.5 万余亩，苗木成活率达到 90% 以上。同时，积极与上级部门沟通，将 2 320 亩林地纳入先建后补生态公益林项目，实现了生态效益和群众收入双增长。通过近几年采取“栽治并举”的综合治理措施，较好地遏制了木格滩和龙羊峡库区南岸的水土流失和沙漠扩大，局部生态环境明显好转。

四、经验启示

在今后的工作中，贵南县将一如既往地组织全县人民、动员社会各界力量，持续秉承和发扬“贵南治沙精神”，严格按照省委“一优两高”战略部署，紧紧围绕“生态立县、生态兴县、生态富民”发展目标，不忘初心，牢记使命，以创建生态文明建设先行区、防沙治沙和防治荒漠化示范县为目标，全面落实禁牧令，强化生态环境保护措施，加大治沙造林力度，集中治理土地荒漠化及水土流失，切实保护、培育、恢复森林草原生态资源，全力遏制生态恶化趋势，不断改善县域生态环境和人居环境，为保护母亲河、保护黄河上游生态环境、水土保持保驾护航，实现生态、社会、经济效益和脱贫攻坚一举四赢的目标，确保一河清水向东流。

案例五

守护西北生态屏障
做绿色发展践行人

宁夏回族自治区石嘴山市大武口区龙泉村

一、背景情况

宁夏回族自治区石嘴山市大武口区长胜街道下辖的龙泉村，位于贺兰山东麓山坡地带，因村内有 9 个天然泉眼而得名，素有“贺兰山下第一村”的美誉。龙泉村辖 4 个村民小组，共有 355 户 1 164 人，村域面积 8 平方千米，耕地面积 1 800 亩，可耕地面积仅占全村面积的 15%，绿化覆盖率达到 90% 以上。龙泉村自然资源丰富，紧依贺兰山形成“山、庄、田”错落有致的独特地理形态，该区域土壤富硒，泉水富锶，依托特有的自然和生态资源形成了“家家有果园、户户有古树”的生态村庄，优越的自然条件使当地盛产龙泉红枣、古树核桃、农家桑葚、富硒蔬菜、小麦等天然绿色食品。据《汉书·地理志》和《平罗县志》记载，龙泉村在西汉时期隶属北地郡的廉县，被誉为“朔方之保障，沙漠之咽喉”，村内保留了明长城、烽火台、贺兰山岩画、汉代贵族墓等珍贵的文化遗存，后山的古汉墓遗址距今已有 2 000 多年历史，墓内尚存部分完整陶俑，极具历史研究价值。龙泉村是一个集自然景观、田园风光、乡村民俗和历史文化于一体的塞北村落，先后被评为全国文明村镇、全国生态文化村、中国美丽休闲乡村、全国乡村旅游重点村和国家森林乡村。

龙泉村全貌

二、主要做法

坚持绿色发展，将绿水青山和乡村旅游有机结合起来，树立吃农家饭、住农家院、赏农家景、品农家情的新农村生态经济发展理念，探索出了一条西北地区资源枯竭型城市新农村转型和经济发展的新路。

（一）创新“党支部＋”模式，发挥支部引领优势

龙泉村共有党员 55 人，不到总人口的 5%，为发挥党支部引领作用和党员先锋模范作用，其创新开拓“党支部＋合作社”“党支部＋企业”“党支部＋农户”的发展新模式。一是以“党支部＋合作社”为内驱力，引导“扶贫”向“扶志”转变，探索土地集约化生产利用的高效农业发展新模式，其中龙泉村美丽家园农民合作社以土地入股分红，村民变成了股民。1 200 亩土地集中流转后，开发建设休闲观光旅游田园综合体，新建智能温室大棚 1 座 4 800 平方米，吸引回流村民 20 余户；宁夏绿尚鲜果蔬产销专业合作社、龙泉花卉休闲观光合作社共带动 30 余户村民参与到餐饮服务、旅游开发等服务业当中，逐步形成了“吃农家饭、住农家院、赏农家景、品农家情”的产业发

展链条。二是以“党支部 + 企业”增强吸引力。坚持“小组团、多风格、低成本、乡村化”的发展思路，不仅吸引了龙泉山庄、正浩源公司、宁夏济仁堂、柏杨天泰等外来投资，而且凝聚了众多草根团队为乡村振兴添砖加瓦，在原有基础上增添了梅花鹿园、中医研究院、精品民宿等新业态，乡村旅游产业类型愈加丰富，2019 年龙泉村共开展文化旅游活动 3 场次，实现乡村旅游收入 500 万元。三是以“党支部 + 农户”提升向心力，把乡贤能人、致富能手、最美家庭、最美村民的示范引领作用充分发挥出来，拓宽增收致富渠道、优化产业发展模式，形成头雁展翅、群雁高飞的良好“雁阵效应”，全村共有致富带头人 17 名，主要从事特色果蔬种植、农家乐、机械加工制造等，他们不仅自己走上了致富的道路，而且积极回报社会，带领更多村民走向了新型产业致富道路，他们在实现自身脱贫的同时也带动全村脱贫。

开心农场

（二）构建“互联网 +”模式，发挥农商互补优势

依托“互联网 + 企业 + 合作社 + 社会资本”等模式的指引，龙泉村引进企业带动农村经济发展，所产生的公共服务红利极大地调动了村民参与公共服务的积极性和自觉性，庭院经济、集体经济大踏步向前，内驱力不断增强。通过坚持社会化运作的有益探索和专业化视角的拉动融合，引进和成立专业化公共服务企业，把环境卫生网格化管理、区块分布规划、产业集约拓展等整合成一体化且具有互补性的公共服务体制，建立健全制度规范，实现由“一家独大的放任自流”向“百

花齐放的姹紫嫣红”的转变。通过产业链的优化组合，带动了整体旅游发展的规划布局，实施美丽家园建设项目 25 个，其中政府投资项目 14 个、社会投资项目 11 个，先后完成龙泉村商业街区改造、集污管网改造、迎宾广场建设、干沟生态环境治理以及中医研究院、龙泉宾馆、龙泉暖锅城建设等一批政府投资项目和社会投资项目，累计完成投资 9 200 余万元，形成全要素集聚整合的旅游基础配套体系。通过多种合作模式，提升乡村旅游管理水平，如宁夏西屏兰岳旅游开发有限公司通过构建“企业 + 合作社 + 农户”的多级化经营模式，使旅游项目开发建设、人员管理、服务配套等各方面建设更加系统全面，旅游接待和服务能力进一步提升。

冬季龙泉村

鲜花种植园

（三）借力“贺兰山 +”模式，发挥生态效应优势

贺兰山是石嘴山乃至宁夏的“父亲山”，是西北地区重要的生态安全屏障，具有深厚的风土人情和文化底蕴。龙泉村位于贺兰山脚下，作为“贺兰山下第一村”，如何守护好贺兰山的生态资源，如何利用好贺兰山的亮丽名片，一直是大武口区委政府思考的问题。为此，龙泉村牢牢把握时间节点和市场需求的“风向标”，依托贺兰山的“名山效应”，做好农村旅游开发文章，每年举行“五一”“十一”两次主题推介活动，引进社会化力量作为补充，提升了管理服务能力，探索将乡村生态旅游与产业富民、现代农业相结合的路径，创造了大量的就业机会，增加了村民收入，改变了原本贫苦落后的面貌，依托贺

兰山，龙泉村积极践行绿色发展理念和模式，坚持经济和生态融合发展，稳步实施龙泉村生态旅游产业。2019 年全年累计接待游客 60 万人次，实现总收入 3 500 万元，全年农民人均纯收入达 19 000 元，同比增长 12%，美丽乡村实现了华丽的蝶变，真正打通了将“绿水青山”转化为“金山银山”的通道。

鲜花种植园

（四）依托“农产品 +”模式，打造地方特色农业

以“无中生有、有中生新、敢打敢拼”的精神，构建“农产品 + 旅游”“农产品 + 富硒”“农产品 + 健康”“农产品 + 文化”的新模式，做好投融资发展管理，吸引外商投资新兴产业，扩大本土民营企业和社会资本有效投资，集多方之力，破解农村经济社会发展和管理服务的瓶颈。在培育特色知名农产品品牌和旅游服务产品品牌方面不断努力，结合地方特色和重大时间节点，辅之以情感营销、体验营销、口碑营销、植入营销、事件营销等专业化程度高、可操作性强、使用效益突出的营销策略。依托土壤富硒、水体锶元素含量高、“家家有果园、户户有古树”等自然资源优势，以“珍硒石嘴山”区域标识为基础，结合农产品文化创意因子，着力培育了龙泉村富硒草莓、石磨面粉、百年古树枣等一批农产品品牌，有效延伸了农产品产业链和附加值，集约化生产的拉动效应初步显现。通过“扶持保育”“先锋示范”等举措，带动村民回村 50 余户，盘活村民闲置房屋 46 户，打造乡间别墅、郭江老磨坊、聚香园面馆等，实现村民 400 余人就业。

三、工作成效

（一）生态效益越发显著

通过坚持不懈地加强生态保护和恢复生态环境，使贺兰山得到了更好的保护，村民收入明显增加，龙泉村生态环境明显改善。全村绿化面积率达到 90% 以上，生态系统的稳定性明显增强，环境空气质量不断改善，空气质量优良天数比例从 2017 年的 67.8% 提高到 2019 年的 80%；水环境质量持续改善，水体主要污染物浓度相比上年同期明显下降；土壤环境质量保持稳定，未发生污染事件，绿水青山建设更加美丽。

乡村环境

（二）经济效益稳步提升

龙泉村依托优良的自然生态优势，大力发展龙泉花卉、果蔬采摘和智能化现代农业，通过“企业 + 合作社 + 农户”的经营模式，基本形成了企业、农户和村集体三大组团集聚优势，带动村民自主参与餐饮、民宿等特色旅游开发项目。打造生态景区，加快推进绿色循环低碳发展。龙泉村被评选为大武口区级研学旅行基地，实现旅游收入 1.33 亿元。

龙泉村

龙泉美食节

（三）社会效益逐渐凸显

通过村庄民居改造、配套设施建设、村庄绿化美化等工程，开展新型农民、优良家风、移风易俗等活动，龙泉村已然建设成宜居、宜业、宜游的美丽乡村。如今，乡村变美了，景观更亮了，龙泉村特色景点成为市民和游客观光游览、假日休闲的好去处，人民群众的获得感、幸福感不断增强。同时，古朴的乡村生活融入民俗教育，充满了人文精神，村民素质和技能得到提升，进一步促进了村庄精神文明建设。

龙泉村风景

四、经验启示

（一）党建引领促发展

村党支部带头组建基层组织先锋队，配强乡村振兴“指挥所”，充分发挥党支部政治优势和组织优势，对标乡村振兴战略“产业兴旺、生态宜居、乡风文明、治理有效、生活富裕”的要求，切实做好龙泉村的乡村治理工作。以共同需求、共同利益、共同目标为纽带，定期召开党建联席会，引导共建单位参与和谐村部建设，使之成为村部建设的“战略伙伴”和“同盟军”。

（二）基础建设保发展

龙泉村以大力发展乡村旅游为契机，按照4A级旅游景区标准进行打造，村基础设施的改造升级由最初零打碎敲的“独奏”变成全篇布局的“合唱”。实施贺兰山干沟生态修复工程、水系连通及桃柴沟景观水道项目等12个政府投资项目，龙泉村休闲智慧旅游观光田园综合体项目等7个社会投资项目，实现村民生活污水排放系统的完善、清洁能源的普及应用与网络全覆盖，补齐公共交通短板，打通“最后一千米”。通过政府投资和社会投资相结合的方式，大力提升龙泉村的基础配套体系。

（三）生态保护挺发展

通过党支部带动、企业驱动、群众联动，在乡村环境整治上打出一套组合拳，描绘了一幅“山水相映、林木繁盛、瓜果飘香”的美丽乡村画卷。通过“党支部＋网格”，将龙泉村划分为两个网格，党支部书记为环境卫生第一责任人，专职网格员定期监督及时反馈，责任人整改；引进兰岳龙泉旅游有限公司、正浩源科技发展有限公司负责环境卫生监督与鲜花种植；将环境整治工作融入志愿服务活动、主题党日、创城中，开展龙泉村环境卫生治理工作。

第五篇

西南地区

案例一

增植覆绿让小镇更“氧”人

重庆市武隆区仙女山街道

一、背景情况

（一）简要概况

仙女山街道位于重庆市武隆区东北部，是武隆区功能组团之一。街道辖区面积 278 平方千米，城镇建成区面积 14 平方千米，辖荆竹村、白果村、明星村、龙宝塘村等 7 个行政村，1 个居委会，户籍登记人口 15 985 人，旅游旺季城镇聚集人口 15 万人以上。

仙女山街道森林总面积 28 万亩，森林覆盖率 65%，海拔高度在 330 ～ 2 033 米，年均气温 17.4 摄氏度，降雨量 1 214 毫米，立体气候明显。旅游资源有仙女山国家森林公园、天生三桥、龙水峡地缝等景观，是全国少有的同时拥有世界自然遗产、国家 5A 级旅游景区、国家级旅游度假区三块金字招牌的地区之一。

（二）生态资源优势

靠“青山绿水”吃饭的仙女山街道人并没有选择“吃掉”青山、“喝光”绿水，而是选择保护好这座“金山银山”。

近年来，仙女山街道充分发挥世界自然遗产的品牌效应，以旅游体制改革为契机，结合仙女山新区开发，大力发展以旅游业为主导的现代服务业，积极发展与生态环境相和谐、无污染的高端产业和洁净工业，逐步形成以旅游休闲、度假酒店、房地产等为主体的生态经济产业体系，以此带动和促进消费升级。

世界自然遗产——天生三桥

目前，仙女山街道已经获得“重庆市生态镇”“重庆市商贸百强镇”“重庆市文明标兵镇”“重庆市卫生镇”“重庆最美小城镇”“中国最美乡村”“全国重点镇”“中国特色旅游景观名镇”“中国特色小城镇”“国家卫生镇”等称号。

二、主要做法

（一）修复生态，延续美丽

仙女山街道山美水美环境更美，这是许多游客在此处流连驻足的主要原因。不管是景区周边的白果村、明星村，还是最偏远的桃园村，村道两旁都是绿树掩映，农户房屋清新整洁，庭院优美干净。归根到底，还是得益于下了一招好棋——念好“山字经”。

近年来，仙女山街道以“蓝天、碧水、宁静、绿地、田园”为工作目标，开展全民植树活动，实施荒山绿化、生态修复，先后造林 300

公顷，林地面积突破27.5万亩，森林覆盖率从2008年的54%跃升到65%；同时，严守基本农田、生态保护两条红线，严厉打击各种破坏自然资源和生态环境的行为；并以“厕所革命”、“养殖革命”、垃圾污水治理、面源污染治理为重点，推进辖区内垃圾、污水处理全覆盖，新建荆竹和桃园污水处理站2个，实施了仙女村一条街和白果场镇集中式污水处理系统改建工程，整改了核桃场镇的污水管网改建工程等。

荆竹村梯田

成立以镇党委书记为组长的生态文明建设工作领导小组，制订翔实的工作计划和实施方案，建立市政环卫巡查制度，成立专职的市政园林执法中队，组织全镇59人组成森林管护巡查队，落实责任、明确奖惩。整个街道呈现出处处都是“美丽庭院”和“绿色村庄”，走到哪里都是一幅美丽的山水田园画卷。

（二）发挥优势，发展旅游

条条大路通向“金山银山”，旅游便是其中一条路。2016年，仙女山街道通过招商投资引进一家企业进驻到仙女山街道荆竹村，利用当地的生态环境资源开发“归原小镇”项目。

该项目除面向高收入群体打造了网红民宿集群外，还打造乡宿联盟，即由政府方、农民方、企业方三方参与，将村落、社区农民闲置房屋利用起来做民宿，以达到做大乡村旅游和农业观光的目的。项目进驻荆竹村后，当地政府投入 1 000 余万元改善饮水、通信、电力、道路等人居环境。政府支持的目的，是希望借助项目发挥当地生态优势，带动当地乡村旅游产业提升和农户收入的提高。荆竹村 77 户 2 230 多名农户通过该项目征地拆迁、土地流转获得了第一笔资金，可用于自建房屋、开农家乐，接待超出项目接待能力的游客，也可以搞种植、养殖以供园区内的日常消耗，还可以发展超市等其他业态。据了解，2018 年试行“乡宿联盟”时一户参与的村民通过住宿和餐饮等年收入达到 50 万元，净利润近 20 万元。此外，该项目还吸纳了 50 余位当地农民在园区里务工，每月收入两三千元，相当于武隆在 2017 年 11 月退出国家级贫困县以前贫困户的年收入。

特色文艺农业——归原小镇

（三）建立机制，深度融合

“仙女山街道辖区面积有近 50% 是生态保护红线区。”仙女山街道相关负责人说，仙女山街道因旅而兴，因此将良好的生态环境视为改变贫穷的“命脉”。为了保护好这一“命脉”，街道把建立生态环境保护长效机制作为重点工作来抓。

1. 建立农村人居环境整治分级包片机制。人居环境整治以村（社区）为单位，街道干部、村社干部、第一书记、驻村干部分级包片，督促指导“两改”“四化”“五清”等工作，并定期开展检查，检查成效记入干部考核，直接与绩效发放挂钩。仅 2019 年，仙女山街道就实现改厨、改厕、改庭院 438 户，村容村貌焕然一新。

2. 建立联动综合巡山机制。由仙女山街道派出所、消防、林业联合村社护林员，定期、不定期地深入辖区生态保护红线区开展综合巡山，发现非法砍伐、非法捕杀野生动物、火灾隐患等问题及时制止消除，同时沿路宣传生态保护等方面的法律法规。多年来，街道辖区没有出现森林火灾，非法砍伐、非法捕杀野生动物等破坏生态环境的行为得到有效遏制。

3. 建立“旅游 +”融合发展机制。仙女山街道不断丰富旅游业态，建立旅游与商贸、农业等领域深度融合的机制，开发多种类型的旅游产品，实现生态产业发展。实施农旅融合发展工程，升级“寻梦园”“富硒西瓜”等集采摘体验、观光休闲、教育培训等于一体的 25 个特色休闲农业园，着力新培育了 3 个特色休闲农业示范园。实施“商旅”融合发展工程，全力提升农业产品研发水平、精深加工水平，包装推广“渝见仙果”等一批适应消费需求升级的现代农产品。实施文旅融合发展工程，仙女山街道持续开展“七彩仙女山，出彩仙女人”评选主题活动；保护和开发土家族苗族哭嫁、山歌、摆手舞等民俗文化，组织居民自发举办文化表演活动 20 余场次。

茶叶基地

三、工作成效

2019 年，仙女山街道按照“产、城、景”融合发展的总体思路，大力实施“四大融合”发展工程，全力推进“五大提升行动”，严控天生三桥世界自然遗产、中心庙水源地保护区、阳水河湿地保护区等生态红线区，严守生态保护、永久基本农田两条红线，合理控制开发强度，经济社会实现了跨越发展，仙女山街道城镇规模拓展到 14 平方千米，成功创建国家级卫生镇，荆竹村荣获“全国乡村旅游重点村”等称号。2019 年，预计实现工农业生产总产值 4.41 亿元、固定资产投资 27.7 亿元、社会消费品零售总额 3.96 亿元、农民人均可支配收入 19 207 元、地方财政收入 3 228.77 万元，分别增长 9.6%、5%、10%、12%、4.1%；辖区接待游客 3 000 万人次，同比增长 12.5%，旅游综合收入 135 亿元，同比增长 13.3%；仙女山街道贫困发生率降低至零。

2018 年，全镇整合投入资金 1 800 万元，改扩建桃园村梦幻谷、荆竹村老田湾、明星村大石岭等 38 千米村级公路，完成仙女山水库建设，大河沟及核桃 2 座水库投入试运行，完成 2 千米饮水管道安装。同时，筹集资金 300 余万元，启动桃园村、龙宝塘村便民服务中心建设项目，提档升级白果村、庙树村便民服务中心；投入资金 50 万元在石梁子社区建成仙女山街道党建图书馆。建成石梁子、白果、明星 3 个区级党建示范点。一幢幢房屋错落有致，一条条水泥路整洁通畅。仙女山街道把农村人居环境整治工作纳入全年目标责任考核范围，实行月评比、季亮晒、年考核，将考核结果与村居工作经费直接挂钩。实施改善农村人居环境工程，让村民们自主整改了民居厕所、厨房，还自觉打扫周边卫生，村子变得更加生态、美丽、宜居。

按照“一村一品”的产业发展要求，龙宝塘村根据综合开发型模式，实现了旅游服务业与种植业融合发展。目前，全村已种植厚朴等中药材 2.5 万亩，玫瑰、布朗李等花卉、林果观光园 2 000 亩，休闲垂钓园 52 亩，乡村旅游接待户 45 户、床位 1 142 个，日均接待游客 3 600 余人，夏季高峰期每日短租游客超 1 000 人，直接和间接带动了全村 500 余人脱贫增收。白果村地处天生三桥、地缝等旅游核心景区内，为此村“两委”积极利用辖区内丰富的旅游资源，党员示范带头抓紧“旅游致富列车”，发展了集水果采摘、休闲体验为一体的葡萄园、富硒梨园、草莓园等 5 个项目，面积约 1 000 亩；发展星级农家乐达 21 家；乡村土特产销售面铺 75 家，带动周边 300 余农户、20 余贫困户实现稳定增收。同时，集中打造的庙树地缝寨子传统村落、归原小镇田园综合体，核桃等 5 个乡村旅游示范点已具雏形；以归原小镇田园综合体建设示范带动，以“乡宿联盟”为载体，带动街道 526 户乡村旅游接待户提档升级；休闲农业带动 35 户贫困户巩固了脱贫成效。各村都已成为周边地区居民“农家休闲一日游”的目的地，每到节假日驾车前来休闲、采摘、吃农家饭的游客络绎不绝。乡村成了城里人向往的地方，村民尝到了旅游致富的甜头。在多种形式发展集体经济的推动下，石梁子社区、荆竹村年收入均超过 50 万元，明星村、桃园村年收入达 10 万元。

脆桃农业

四、经验启示

（一）尊重自然、保护自然

仙女山街道建立健全生态优先的决策机制，实行严格的环境保护制度，充分发挥环境保护优化经济发展的综合作用，严控自然遗产生态红线，严守生态保护、永久基本农田两条红线，通过修复生态、提高森林覆盖率、扩大湿地面积等一系列手段，着力推进绿色发展、低碳发展，构建人与自然和谐相处的美好景观。

（二）创新引领，打造示范

在“绿水青山就是金山银山”转化过程中，仙女山街道全面加强组织领导体制机制、生态环境保护机制、生态产业发展机制、生态产品市场化机制、生态惠民体制机制、公众参与及宣传教育机制等方面的示范创新。结合当地实际情况，推动产业转型升级，打造充分体现当地特色的示范点，以点带面，实施文旅融合、商旅融合、体旅融合等工程，大力发展生态经济，把生态环境优势转化为绿色产业优势。

（三）政府主导，共治共享

仙女山街道充分运用政府的“有形之手”、市场的“无形之手”和社会的“自治之手”，进一步加强对生态环境行为的规范、引导和监督。构建体现“绿水青山”向“金山银山”转化的目标责任考核和奖惩机制，构筑群众自主参与生态保护的多元渠道，真正实现“绿色惠民、全民共享”。

仙女山国家级度假区

案例二

绘"绿水青山" 聚"金山银山"

四川省巴中市恩阳区下八庙镇

一、背景情况

下八庙镇地处巴（中）南（充）交界处，位于恩阳区西南部，距城区 30 千米，成巴高速、G244 横贯其境，辖区面积 103.65 平方千米，辖 31 个行政村，5 个社区居民委员会，全镇有 17 580 户、50 603 人，耕地面积 66 781.6 亩，建有原乡农庄等县（区）级以上现代农业产业园区 5 个，2019 年全镇农民人均可支配收入达到 16 650 元，高于全区平均水平。下八庙镇先后被评为全市十大最美巴山新居、全市"统筹城乡、追赶跨越、加快发展"先进单位、全市脱贫攻坚之星、四川省环境优美示范镇、美丽四川·宜居乡村、省级现代农业特色小镇和国家卫生镇等，2019 年获全省首批"乡村振兴先进乡镇"称号，下八庙镇万寿村、安居村获全省首批"乡村振兴示范村"称号。

安居村和原乡农庄

下八庙镇属浅丘地带，境内平均海拔506米，常年平均气温16摄氏度左右，气候宜人，四季锦绣，自然资源丰富，宜于发展优质粮油、品质果蔬。区位优越，交通便捷，设立开放式高速服务区1个，产业道路四通八达。山水秀美，生态宜居，森林覆盖率63.5%、绿化率97%，山梁沟壑交错，河流清澈见底，一座座整齐的川东北民居掩映在葱老的青山里，幸福新村美丽如画，远近游客游览铁城寨、观紫山、凤凰山、观音庙等自然人文景点，体验万寿养生谷、原乡现代农业产业园络绎不绝。下八庙镇是全市的自然生态屏障，是都市的“绿肺”和天然“氧吧”，有入巴第一镇之美誉。

二、主要做法

近年来，下八庙镇深入践行习近平生态文明思想，坚持生态优先、绿色发展，走深走实产业生态化、生态产业化“两化路”，努力建设山清水秀大美之地，积极为恩阳区创建“绿水青山就是金山银山”实践创新基地贡献力量。

（一）守护绿水青山，持续加强美丽宜居乡村建设

“环境就是民生，青山就是美丽，蓝天也是幸福。”下八庙镇始终坚持“绿水青山就是金山银山”发展理念，坚持“生态立镇、产业强镇、绿色发展、全面小康”发展路径，加快建设生态经济强镇，持续打造“入巴第一镇，生态下八庙”，并以此凝聚思想形成共识，整合要素资源，共建共享生态文明。下八庙镇万寿村依托本地生态、文化和旅游资源，用好用足上级各项扶持政策，积极推进“绿盈乡村”建设。推进“三建四改”，建公共厕所6处、建入户路1 500米、改建庭院150处、实施安全饮水工程442户、建地埋式一体化污水处理设施7处、闭环反馈式DO（溶解氧）控制技术污水处理设施2处。全面推行“户分类、村收集、镇运输、区处理”的农村生活垃圾处理模式，落实“五有”措施（有垃圾收运设施、有清扫保洁人员、有再生资源回收点、有村规民约、有资金投入），配备垃圾转运车2辆、垃圾收集箱30余个、

垃圾桶 90 个、清扫保洁员 15 个，做到生活垃圾日产日清；改造村组道路 15 千米，安装太阳能路灯 150 盏；完成文化广场、休闲凉亭、荷塘步道、环湖慢道等项目建设；提高了乡村建设水平，体现了山水交融的独特景观，让村民在景区劳作，安家创业。

蓝天碧水间的美丽乡村

万寿村污水处理设施

（二）转化“金山银山”，持续做优“生态 +”特色品牌

习近平总书记曾说过，“绿水青山”和“金山银山”决不是对立的，保护生态环境就是保护生产力，改善生态环境就是发展生产力。下八庙镇采取搭建平台、内育外引，突出优质果蔬、生态养殖两大主导产业，产业规模达到 11 000 亩以上，其中成片流转土地 8 000 余亩，建成 6 500 亩芦笋、柑橘、葡萄、猕猴桃种植基地，引进、培育原乡农业、天恩农业、来福养牛场等省级龙头企业 3 家，市级龙头企业 5 家，省级家庭示范农场 3 家，镇原乡农庄被评为市级现代农业产业园。全镇培育新型农业经营主体 116 家，培养新型职业农民 98 名，有新型职业农民的村民小组占比达 93%，各村均有家庭农场和农民合作社。一是聚力“生态 + 农业”，擦亮“农”字品牌。下八庙镇安居村抓住发展现代农业园区这个“牛鼻子”，探索建立“‘三引’导向、‘四联’共融、‘四扶’配套”的产业园区发展模式，走出一条现代农业引领乡村产业振兴新路子，展现出产业兴、农民富、生活美的美丽画卷。建成以原乡农庄、张家湾—神柏树果蔬产业带、二郎庙—观音庵畜禽养殖带、有机芦笋示范园、葡萄产业园、甲鱼养殖园为板块的“一轴二带三园”区域化产业布局，农户主导产业收入占家庭收入比例超过 80%。二是注重因地制宜，当前“生态 + 旅游”方兴未艾。下八庙镇万寿村以万寿养生谷景区为依托，大力发展乡村旅游、特色农业，带动农村传统加工业，三者相融相生，竞相发展。投资 1.5 亿元开发万寿湖 620 亩，养殖生态鱼 30 万尾；新建养殖场 2 000 平方米，养殖肉牛 300 余头；栽植果树 5 000 余株、种植芦笋 600 亩、优质粮油 580 亩、草莓 50 亩、玫瑰 50 亩，开办巴山民宿及农家乐 13 家。发展集生态康养、农事体验、休闲观光、传统民宿于一体的乡村旅游业，2016 年万寿湖被评为省级水利风景名胜区，2018 年 1 月，万寿养生谷被评为国家 4A 级风景区，年接待游客 50 万余人次，实现旅游综合收入 2.8 亿元。

新居、产业、生活融为一体

丰收季节的巴山民宿

（三）创新机制体制，持续走好“绿水青山”转换“金山银山”的道路

坚定生态建设与脱贫攻坚、乡村振兴同频共振，坚持生态惠民、生态利民、生态为民。下八庙镇按下创新体制机制量化绿水青山“快

进键”。一是探索建立“1融2带3一体”党建扶贫机制。万寿村党支部与观音庵党支部、凤仪村党支部和三棵松公司党支部共建寿康党总支，实行组织联建、班子联管、治理联抓、产业联育，变单打独斗为合力攻坚，增强弱村穷村建强基层组织、推动经济发展、强化基层治理的能力，形成以组织振兴带动乡村治理区域联动、整体推进的良好态势。二是完善绿水青山保护机制。统筹易地扶贫搬迁、农村危旧房改造、土地增减挂钩、地质灾害避险搬迁等政策，按照“一个规划、多张图纸、自主选择、方便群众”原则，改造一批、保护一批、建设一批农村新居，保留了“青瓦白墙、前庭后院”的川东北民居传统风貌。大力实施垃圾处理、污水治理、厕所革命、绿化美化、卫生保洁“五大工程”，大幅提升村容村貌，村民卫生习惯与健康意识普遍增强。三是创新农业产业园区建设运营体制。近年来，万寿、观音庵、凤仪、楼房4村耕地、山林、水面资源统一流转给业主，着重发展有机葡萄、特色水产、草莓采摘、稻鱼共生“四大业态”，实现了农业产业的规模化、集约化、特色化发展。通过企业投入、政府奖补、信贷助力，有效破解了园区建设资金瓶颈。发动群众通过流转收租、入股分红、返租经营、订单生产、入园务工等方式参与园区发展，强化农户与新型经营主体利益联结、实现共同富裕。

收获幸福

人文与自然完美融合

三、工作成效

下八庙镇始终坚持保护自然本底，发挥资源优势，把加快绿色发展作为根本大计，向绿色要价值，向生态要效益。全力构建以“生态农业 + 生态旅游”为主导，生态工业和现代服务业为支撑的绿色产业体系，取得了显著成效。生态环境不断改善。镇内空气环境质量优良率达 95% 以上，主要河流和水源水质达标率 100%，生活垃圾无害化处理率达 96%，基本实现生活污水处理全覆盖，整镇推进户用厕所改造，卫生厕所达标率 100%。产业持续兴旺。成功吸引以生产有机农产品为主业的现代科技农业企业——原乡农庄，建立以示范园区为核心，以“PGS 参与式保障体系”为基础的现代化农业产业园。通过“公司 + 农民合作社 + 家庭农场”“公司 + 家庭农场”等形式，联合 47 家农业企业、集体经济组织和家庭农场加入农业经营组织联盟，成立了恩阳原乡农业产业化联合体，让家庭农场从事生产、农民合作社提供社会化服务，龙头企业专注于农产品营销加工流通，推动一二三产业深度融合，带动当地农户结合自身生产条件和劳动力状况从事有机农产品生产，直接带动农户 4 855 户，其中贫困户 697 户，年人均增收 2 000 余元。乡村旅游突破式发展，建成万寿养生谷 4A 级景区，盘活农村闲置房屋，加快发展“巴山民宿”，举办农民丰收节、葡萄采摘节等，实现农民持续增收。2017 年下八庙镇顺利脱贫摘帽，全镇展现出生态美、产业兴、农民富的美丽画卷。

产业生活融为一体

四、经验启示

下八庙镇在践行“绿水青山就是金山银山”理念的过程中，始终坚持“生态效益和经济效益并重”，以生态效益转化经济效益，经济效益促进生态效益，走出了两发展、两促进的和谐发展之路。

（一）树牢生态优先意识，锚固自然生态本底

下八庙镇坚持用“保护环境、生态优先”的意识用于指导全镇经济、社会发展的全过程，以“7+1”城乡环境综合整治行动为载体，全力开展以城乡生活污水、垃圾为主的治理工作，同时还要开展畜禽养殖污染、秸秆禁烧和综合利用等的整治工作，开展山水林田湖草生态修复，坚守全域发展的绿色空间底线，构筑人与自然唇齿相依和谐关系。

（二）依托绿水青山，构筑多渠道绿色发展路径

下八庙镇立足全区优质粮油、品质果蔬、特色养殖 3 个主导产业，采取土地托管服务方式，开展代耕代种，推行“立体生态循环农业”和“稻虾（鱼）共作”等模式，实现农业多元立体发展。突出地域特色，挖掘特色文化，强化示范带动，万寿村深挖寿文化，建设寿文化展览馆，开发寿文化产品，推动产业园区、田园景区、新型社区“三区同建”，由“边远山村”摇身变为“旅游景区”。

（三）打造以特色品牌为载体的延伸生态产业链条

坚持以绿色理念引领一二三产业融合发展，引进四川原乡农业开发有限公司，回引当地在外成功人士，组建三棵松农业开发有限公司、万寿种养殖专业合作社，建成万寿糙米加工厂和万寿酿酒厂，实现农产品就地加工，促进农民就地转移就业。四是激发内生动力，持续深入践行“绿水青山就是金山银山”。坚持以人民为中心，突出人民群众得实惠的原则，加强政府引导，发挥市场作用，充分调动人民群众的积极性，不断提升群众参与度，为践行“绿水青山就是金山银山”理论提供坚实基础。

案例三

九寨甲勿村“点绿成金”民族地区绿色发展典范熠熠生辉

四川省阿坝藏族羌族自治州九寨沟县勿角镇甲勿村

一、背景情况

（一）甲勿村地理位置得天独厚

位于青藏高原东南缘岷山山系北段、九寨沟县东南部，平均海拔 2 200 米，年平均气温 12.7℃，属高原湿润气候，空气质量优良。地处九环沿线，距县城 31.5 千米，全村已建成通组道路，未来将建设九绵高速服务区，交通便利。

甲勿村全景

（二）动植物资源丰富

甲勿村拥有国家一级保护树种 2 种、国家一级保护动物 1 种、二级保护动物 3 种，村内有国家 3A 级景区——甲勿海景区，高山湖泊风貌奇特，负氧离子丰富，是理想的避暑、探险和生态旅游目的地。此外，甲勿村还紧挨四川勿角自然保护区、黄土梁杜鹃山景区，是野生国宝大熊猫集中活动地区之一。

（三）民族特色突出

甲勿村村民 144 户 432 人，是一支古老且极具传奇色彩的民族——白马藏族聚集的中心地带。白马藏族能歌善舞，服饰独特，帽顶上的白色羽毛别具一格，是他们崇尚自然的体现。拥有藏历年、涂墨节、㑇舞、登嘎甘㑇（熊猫舞）等特色文化，其中㑇舞、登嘎甘㑇（熊猫舞）被列入国家级非物质文化遗产保护名录。

（四）属于典型的农业村

2014 年以前，村民收入来源主要以外出务工、种植农作物为主，于 2017 年实现整体脱贫，先后被评为阿坝州民族团结示范村、四川省旅游扶贫示范村，素有“九寨南门、㑇舞故里、熊猫之乡”的美誉。

二、主要做法及工作成效

勿角镇党委、政府深入贯彻习近平生态文明思想，积极进行体制机制创新，写好“生态 +”这篇大文章，“绿水青山”向“金山银山”转化取得积极成效。

（一）认准生态这个“最大优势”，让绿水青山更美

一是抓好自然生态修护保护。甲勿村紧挨四川勿角自然保护区，保护区内常有野生大熊猫出入，是大熊猫国家公园体制试点地区，保护生态是甲勿村发展的前提，也是立村之本。近年来，勿角镇党委、政府扎实开展“立足绿色发展，全力推进全域旅游”全民行动，加快生态保护基础设施建设、水土流失治理和自然保护区灾后恢复重建，投资 1 200 万元种植大熊猫主食竹 2 万亩（约 30 万株），植被恢复总

面积达 1 333.33 公顷。投资 2 900 万元建设大熊猫保护研究园。甲勿村村委会将生态保护纳入村规民约，积极发动群众参与自然保护区保护，自然保护区出资为村民修建沼气池，实现了共赢。截至，全村现共有集体林面积 13 125 亩（其中公益林 7 944 亩），退耕还林享受补助面积 616.55 亩，最大程度地保持了自然保护区的原真性和完整性，生态也逐步成为甲勿村最亮丽的底色。二是深入开展人居环境治理。制定《勿角乡甲勿村人居环境整治项目方案》，实施村庄清洁行动，治理“六乱”，建设公厕、停车场、座椅、垃圾桶等公共服务设施。全村已全面完成通村油路建设 8 千米，安装完成入户道路防护栏 2 600 米，建设改造农房抗震项目 100 户，修建河堤 180 米，投入 800 多万元对全村的生活污水进行收集处理，安全饮水基本全覆盖，实现农村电网全覆盖，广播、电视、通信及移动网络 100% 全覆盖。

甲勿村太阳能污水处理站

（二）点绿成金向生态“要红利”，让金山银山更大

制定《九寨沟勿角民族生态旅游试验区总体规划》，通过组团式开发、项目式推进和“农民合作社 + 乡建投公司 + 运营商”模式，盘活甲勿村现有资源，政府投入专项资金、建设基础设施，村民通过闲置房及农用地入股，专业运营商进行统一运营管理，找准了绿水青山的“转换器”，逐步实现了“业兴、家富、人和、村美”。

一是大力发展“生态 + 农业”。成立狼池部落乡村旅游专业合作社，入股九寨沟县秦氏养殖专业合作社，大力发展中蜂养殖，现中蜂养殖共 680 箱，共种植猪苓、白芨、重楼等中药材 125 亩，九寨沟蜂蜜成为农产品地理标志产品，刀党、九寨猪苓成为地理标志保护产品。2017 年实现农业收入（含采集野生药材）36.04 万元，林业收入 33.65 万元，养殖业收入 116.39 万元。2018 年实现农民人均纯收入 12 324 元，较 2017 年增长了 10.5%。

甲勿村中药材

二是大力发展“生态 + 旅游”。依托甲勿海、大熊猫保护研究园国家 3A 级景区，对特色藏寨进行有机更新，保持藏寨原始风貌，分区规划原乡风情民宿区、多功能服务区、藏乡农耕文化体验区、登山步道四大区域，打造自在白马间原乡风情度假中心，形成大熊猫、高山海子、古老民俗文化、藏乡农耕体验相结合、自然生态景观与非物质文化遗产兼具的精品度假产品，推动观光游向度假游转化，自 2019 年 9 月 27 日景区开园以来，共接待游客 1.3 万余人次，总收入达到 8 万元。

甲勿海大熊猫保护研究园

甲勿海大熊猫保护研究园熊猫

勿角村民宿点位及体验区分区图

勿角村传统藏寨改造

三是大力发展“生态 + 文化”。深度挖掘以白马藏族文化为代表的特色民族文化资源，大力发展民族工艺品、民族歌舞、民族节庆等文化产业，举办涂墨节、白马艺术节、藏历新年等大型传统节事活动，开发国家级非物质文化遗产熊猫舞、㑇舞观赏、学习活动，白马藏族酒文化代表酒曲子欣赏、体验活动，白马千层馍制作、㑇舞面具绘制等非遗文化手作体验，白马藏族特色民族服饰、古法秘制藏香等民族文化产品，展现九寨白马藏族文化独特魅力。

民俗活动

角镇白马藏族琵琶弹唱

（三）激发活力向体制机制“要效能”，让绿色发展更持久

一是组织领导有力。九寨沟县成立了以县委书记、县长为组长的九寨沟县“绿水青山就是金山银山”实践创新基地工作推进领导小组，勿角镇成立生态环境保护领导小组，建立“县级扶持、乡级负总责、村具体落实”的责任制，将生态文明建设工作纳入对乡镇的考核。二是发挥基层党组织战斗堡垒作用。甲勿村成立以驻村工作主要负责人为组长，第一书记和村支部书记为副组长，乡驻村干部和村“两委”干部为成员的甲勿村集体经济协调小组，出台《建立甲勿村发展集体经济“五个一”工作机制》《村集体经济实施办法》等工作制度，定期召开联席会议，充分发挥基层党组织和党员干部的带动示范作用。三是最大限度整合现有资源。将甲勿村乡村旅游建设项目纳入 2018 年度东西部扶贫协作规划新增项目，多方统筹资金，通过成立专业合作经济组织，引进规模企业，以村民土地、民房入股等形式，盘活闲置资源，收益分配中将 10% 作为甲勿村公益事业建设资金，20% 纳入村集体经济收入并作为今后发展资金，剩余 70% 作为农户分红，增加村集体和村民收入，引导群众抱团发展。

三、工作成效

在环境效益方面，实现植被恢复总面积达 1 333.33 公顷，全村现共有集体林面积 13 125 亩（其中公益林 7 944 亩），退耕还林享受补助面积 616.55 亩，最大程度保持了自然保护区的原真性和完整性。甲勿村已全面完成通村油路建设 8 千米，安装完成入户道路防护栏 2 600 米，建设改造农房抗震项目 100 户，修建河堤 180 米，投入 800 多万元对全村的生活污水进行收集处理，安全饮水覆盖 432 人，实现农村电网全覆盖，广播、电视、通讯及移动网络 100% 全覆盖。

在经济效益方面，2017 年实现农业收入（含采集野生药材）36.04 万元，林业收入 33.65 万元，养殖业收入 116.39 万元。2018 年实现农民人均纯收入 12 324 元，较 2017 年增长了 10.5%。自 2019 年 9 月 27 日九寨沟景区开园以来，共接待游客 1.3 万余人次，总收入达到 8 万元。

四、经验启示

（一）始终把“生态保护”作为“绿水青山就是金山银山”理论乡村实践的第一要务，全面巩固生态基础地位

甲勿村坚持“尊重自然、生态优先”，统筹山水林田湖草系统治理，将自然修复与人工治理相结合。成功的关键在于细节，在先行示范区建设中应加倍重视两个方面：一是“多规合一”，将城乡建设规划、土地利用规划、经济战略发展规划、林下经济发展规划、环境保护规划完成后合并成空间规划，做到一张蓝图绘到底，久久为功。二是项目实施要加强协调性，发挥村级主体作用，各项目按照总体施工程序施工，对于生态修复、景点开发、雨污分流、三线下地和道路等基础工程要合并实施、统一安排，最大限度地节约资源，避免工程重复建设。

（二）始终把“绿色发展”作为“绿水青山就是金山银山”理论乡镇实践的根本动能，全面推进村民致富奔小康

一方面，坚持以全域旅游为龙头，积极落实绿色发展“八条路径”，

创新推动生态农业开发，坚决抵制不利于生态环境的项目进入，在加快灾后重建的基础上，以村寨集体利益为重，不断增强村寨的凝聚力；另一方面要充分挖掘乡村特色文化，弘扬民族传统习俗，特色村寨文化振兴中要走“展示—吸纳—融合”的文化发展道路，既要展示自身文化存在的价值，彰显本民族的文化自信，同时要推进本民族文化与其他民族文化、山地文明与都市文明、主流文化与边缘文化的互动交流，在不同文化的碰撞中选择性吸收外来文明的合理成分，使之成为自身文化的有机构成，在促进自身文化转型发展的同时也拓展了本民族文化的生存空间。

（三）始终把“改善民生”作为“绿水青山就是金山银山”理念乡镇实践的目标导向，全面提升民生福祉

聚焦生态保护和乡村振兴，及时启动乡村振兴战略，积极探索“生态+”扶贫新模式，严格落实生态管护员等扶贫政策，因地制宜，利用本地区优势资源，努力寻找农民增收致富的“金钥匙”。以人居环境整治为抓手，加快推进村寨风貌提升以及镇村污水处理、垃圾清运和“厕所革命”，探索建立“政府+公司+农户”的环境卫生综合整治模式，走政府引导、公司承包、群众监督的路子，提升人居环境品质。

四川勿角省级自然保护区

案例四

念好“三字经” 种好“摇钱树”
绿了青山富了民

贵州省凤冈县永安镇

近年来，贵州省凤冈县永安镇认真贯彻落实习近平生态文明思想，牢牢守住生态和发展两条底线，精准选择产业，不断探索创新，念好“治、提、转”“三字经”，全力推动“绿水青山”转变为“金山银山”。

一、背景情况

（一）简要概述

永安镇位于贵州省东北部，属遵义市凤冈县管辖，距离凤冈县城35千米、银百高速西河收费站15千米，辖三村两社区，46个村民组，6 416户、27 685人，总面积119.3平方千米。境内植被丰茂，生态良好，森林覆盖率达72%以上。永安镇是贵州省100个现代高效农业示范园区之一、贵州省100个重点旅游景区之一、贵州省100个示范小城镇之一。2019年，全镇财政总收入1 960.9万元，农村居民人均收入达18 000元以上，贫困发生率降为零，全面实现贫困人口清零目标。

田坝九堡十三湾

（二）生态资源优势

全镇平均海拔800米，年均气温15℃，冬无严寒、夏无酷暑，空气负氧离子高达3万～5万个/立方米，集中式饮用水水源地水质达标率、空气质量达标率均达100%，是最理想的生活栖居地。境内生物多样性保存完好，有珙桐、水杉、银杏、红豆杉、楠木、樟树等珍稀植物和穿山甲、野生娃娃鱼（大鲵）、水獭、锦鸡、大杜鹃等野生动物。境内旅游资源丰富，有国家4A级景区1个，全国30座最美茶园有2座位于永安镇。出产的凤冈富锌富硒有机茶闻名遐迩，是全国唯一的集锌、硒、有机于一体的天然营养保健茶，也是贵州十大名茶之一，获评国家地理标志产品。

二、主要做法

（一）做严“治”字文章，巩固“绿水青山”建设成果

一是加大生态环境保护力度。深入推进植树造林、湿地建设、添色增彩三大工程和“治污治水·洁净家园”五年攻坚行动，规划建设以森林公园、湿地公园、有机茶园为主的重点生态功能保护区，建立健全生态保护预警机制和财政投入长效机制，实现了增绿、增色、增彩目标。同时，坚持生态环境保护与农业产业发展相结合，因地制宜大力发展茶叶产业，既守住了“绿水青山”，又获得了“金山银山”。二是加快环保设施建设速度。始终坚持“用于生态环境保护，投入再

多也不为过”的理念，下大力气建设生态环保项目，积极向上级争取项目资金，全力以赴保障生态环保投入，加快建设垃圾转运站、污水处理厂等环保设施，大幅提升生活垃圾和污水处理能力。三是加高环保准入门槛高度。始终坚持守土有责、守土负责、守土尽责，按照重点开发、优化开发、限制开发、禁止开发的要求，合理规划饮用水水源保护区、水资源综合利用开发区、林业资源保护区、生态湿地保护区等生态功能区，严格落实环境监管“六个一律”要求，实行重点生态功能区产业准入负面清单，拒绝不符合国家产业政策、环境保护功能区划的项目落地建设，切实杜绝对生态环境有破坏的一切行为。

仙人岭上观田坝

（二）做实“提”字文章，推动有机产业增值

一是牢固树立“生态产业化、产业生态化”理念。始终把保护生态环境作为发展产业的前提，把发展生态产业作为最终的追求，努力打造宜居、宜业、宜游的生产、生活空间。持续加大对生态环境保护的宣传力度，推动环保知识进机关、进课堂、进社区、进农村，积极倡导绿色生产方式、生活方式和消费模式，不断提升干部群众生态环保意识，生态文明理念深入人心。2019 年，开展环保宣传活动 6 次，

发放宣传资料5 000余份。二是大力实施全域有机，全产业链有机战略。贯彻落实全域有机、全产业链有机的“双有机”战略，搭建高效的组织指挥体系，明确专人专抓，不断推动“双有机”战略落地落细落实。以抓农产品质量安全为重点，全面推广无公害农产品生产、农业废弃物利用技术，大力倡导施用有机肥和生物农药，全面禁止高毒性高残留农药的销售和使用，引导农民实施土壤改良、测土施肥、秸秆还田、地膜集中回收等措施，有效减少农业面源污染。注重产品加工环节的监管，全面禁止使用添加剂，探索建立农产品质量安全可追溯体系，努力实现从农田到餐桌可追溯，确保舌尖上的安全。三是深入落实河长、土长、林长“三长制”。科学制定“三长制”实施方案，严格执行“六个严禁”“三个十条”，建立健全“三长制”指挥体系，探索完善“三长制”责任落实、监督管理和绩效考核机制，铁腕整治河道电网毒炸、林木乱砍滥伐、污染物乱排乱倒等破坏生态的行为，提升绿水青山“颜值”。

崇新村“双有机”农旅园区规划图

（三）做足“转”字文章，释放生态红利价值

一是做优生态农业。坚持“1+*N*”（以茶叶为主导产业，统筹发展*N*个特色产业）产业发展思路，大力发展有机农业、观光农业、现代高效农业，持续推动农业生产规模化、标准化、集约化，坚持以“畜—

沼一茶”循环发展为路径，探索实施茶园“3+2”（“3”即镇、村、组三级组织，“2”即茶叶加工企业和茶农两个利益主体）管理模式，千方百计确保农产品质量安全。二是做强生态工业。坚持工业强镇战略不动摇，充分发挥茶叶产业规模优势，因地制宜推动茶叶加工业，全面延伸茶叶产业链条、提升茶叶附加值，倾力打造农特产品加工集聚区。三是做特生态城镇。坚持把集镇建设融入景区建设之中，把集镇作为景区的配套景点打造，以绿色为集镇建设的底色，以茶元素为集镇建筑的特色，推进集镇与景区融为一体。以净化、绿化、美化为重点，加强集镇基础设施建设，加快对自然景观、人文景观的挖掘、保护和合理利用，实现集镇与景区相得益彰、美美与共。四是做热生态旅游。坚持茶旅一体的发展方向，按照全景域大旅游和快进慢游的要求，以打造康体休闲养生旅游目的地为重点，用好全县唯一一个国家4A级景区的优势，大力推进“农区”变“景区”、“农房”变“客房”、“农民”变“商民”，生态旅游发展卓有成效。

崇新村“三山两塘”农根生态文化示范点

三、工作成效

（一）生态环境由“差”到“好”

一是山更青。通过大力提倡使用新能源，严格林木采伐审批，全力推进退耕还林和公益林建设，累计建成林地3.8万亩，森林覆盖率从2010年的60%提高到2019年的72%以上。二是水更绿。通过全面加强农村面源污染治理，切实加强农村生活污水和生活垃圾处理能力，建成投用日处理量800吨的污水处理厂1个、村寨污水无害化处理点3个，集镇污水处理率达95%以上。建成集镇垃圾转运站1个、农村垃圾屋（箱）50余个，实现生活垃圾处理村收集、镇转运、县处理，全镇生活垃圾无害化处理率达70%以上，2019年底将实现生活垃圾无害化处理全覆盖。三是天更蓝。通过全面加强秸秆综合化利用，减少秸秆焚烧，大力推广使用电能、颗粒燃料等环保能源，调减工业用煤，极大减少了大气污染物的排放，全镇空气负氧离子高达3万～5万个/立方米，空气质量达标率达100%。

（二）群众生活由“贫”到“富”

一是生态扶贫成效显著。设置生态护林员、河库保洁员、土地巡查员、公路保洁员“四员”岗位，优先解决建档立卡贫困人口就业问题，全镇共计聘请“四员”96人，共计发放工资50余万元。同时，按时发放退耕还林、公益林补助资金，每年发放补助资金118万余元，有力助推了“生态扶贫”。二是茶叶产业收益增长显著。通过大力发展茶叶产业，扩大茶叶种植面积，延伸茶叶精深加工链条，全镇共建茶园5.6万亩，实现人均2亩茶目标，共培育引进茶叶加工企业92家（其中，国家级龙头企业1家，省级龙头企业6家，获QS标志企业28家），全年加工茶叶5 500多吨，茶叶出口超3亿元，茶叶综合产值达7亿余元。按每亩茶平均增收5 000元测算，仅茶叶收入人均就能增收10 000余元。三是茶旅融合成效显著。通过茶叶与旅游融合发展，大力建设旅游配套设施和服务设施，建成索道、玻璃吊桥、拉幕会场、步行栈道等旅游设施，永安镇共有旅馆42家，客房451间，床位746个，每年接待游客120万人次、旅游综合收入近1亿元。目前，该镇农民人均收入达2万余元，彻底改变了“田坝田大垭，三年两不收，有女不嫁田坝汉，三年两载吃荞面”的贫穷落后面貌。

（三）社会环境明显好转

一是永安镇及时“调整产业结构，因地制宜选择茶叶产业，通过二十年磨一剑的坚持，群众生活水平得到极大改善，群众过上了幸福、和谐、美满的生活，社会环境明显改善。二是社会更加和谐。茶叶产业的发展，群众生活的富足，不仅推动了民心的稳定，也带动了社会的进步，形成了团结、互助、和谐的社会环境。仅新冠肺炎疫情期间，该镇企业和群众自发组织捐款捐物30余万元，密切了干群关系，筑牢了抗击疫情的坚固屏障。

四、经验启示

（一）树立绿色发展理念是根本前提

近年来，绿色发展理念已越来越多地被人们接受，但个别基层干部和人民群众对绿色发展的认识和实践还不够深入。这就要求党委、政府必须牢固树立“生态”思维，将“绿色+”理念贯穿各个方面，融入所有发展，不断引导领导干部和人民群众树立和践行绿色发展理念，破除“急功近利”的思想，变“近视”为“远视”，决不能以牺牲资源环境为代价换取经济的一时快速增长，让“绿水青山就是金山银山”的发展理念真正在干部群众心中生根发芽、开花结果。

（二）树立科学考核导向是重要保证

坚决摒弃“以GDP论英雄”的极端思想，树立正确的政绩观，建立以老百姓的幸福指数和满意度为衡量标准的考核体系，全力打造绿色GDP，以此促进产业结构调整，转变经济发展方式，建立起兼顾生产发展、生活改善、生态保护的“三生一体”保障制度。

（三）培育健康生态文化是关键所在

要坚持“文化为魂”，依靠文化力量来推动生态文明建设，把生态文化建设纳入精神文明建设总体规划，通过各种手段和方式，广泛开展多层次、多形式的生态文明建设宣传教育，在全社会牢固树立科学的发展观、正确的政绩观、绿色的财富观和健康文明的消费观，充分调动社会各界和人民群众投身生态文明建设的积极性、主动性和创造性，努力形成全社会关心、支持和参与生态文明建设的良好氛围。

案例五

践行“绿水青山就是金山银山”砥砺奋进成就幸福美丽海雀

贵州省毕节市赫章县河镇彝族苗族乡海雀村

一、背景情况

海雀村位于云贵交界贵州省毕节市赫章县河镇彝族苗族乡，平均海拔 2 300 多米，聚居着彝族和苗族群众。地处乌蒙山深处的海雀村曾经是“苦甲天下”的地方。1985 年 6 月，新华社贵州分社原社长刘子富在新华社总社的内参刊物《国内动态清样》第 127 期上，以《赫章县有一万二千多户农民断粮，少数民族十分困难却无一人埋怨国家》为题，报道了赫章县及海雀村的贫困状况，引起了党中央、国务院的高度关注。当月，时任中央政治局委员、书记处书记的习仲勋作出重要批示：“有这样好的各族人民，又过着这样贫困的生活，不仅不埋怨党和国家，反倒责备自己不争气，这是对我们这些官僚主义者一个严重的警告！！！请省委对这类地区，规定个时限，有个可行措施，有计划、有步骤地扎扎实实地多做工作，改变这种面貌。”次月，时任贵州省委书记的胡锦涛到赫章县视察调研。1988 年 6 月，经国务院批准，毕节试验区正式成立，将“开发扶贫、生态建设、人口控制”确定为三大主题，这是我国首个在贫困地区建立的开发扶贫、生态建设试验区，揭开了毕节生态修复、决战贫困的崭新篇章。从此，海雀村向贫穷落后发起了总攻。30 多年前的海雀，四周都是光秃秃的山头，晴天黄沙四起，雨天泥石流肆虐，到处是大沙化、大破沟，当时的海雀村森林覆盖率只有 5%，800 多个村民在石漠化的自然环境里，艰难地求生存，年人均收入仅 33 元。今天，海雀村已整体脱贫，村森林覆盖率达 70.4%，年人均收入达到 10 611 元。

昔日海雀村村民住房

今日海雀村村民住房

二、主要做法

（一）党建领村，筑牢战斗堡垒

党支部全面加强党建工作，为全村的发展打下了坚实的基础。一是抓村级班子建设。2006 年以来，赫章县委先后公开招聘了 2 名大学生到海雀村担任村党支部书记，目前均已培养成为科级干部。村党支部培养选拔了 1 名年轻优秀党员担任村党支部副书记，加强了村级班子建设。二是抓活动阵地建设。在台盟中央的帮扶下，村党支部建成了占地面积 500 平方米、建筑面积 200 平方米的村级组织活动场所，配齐办公设施设备，建立了村级便民利民服务站，使党员活动有地方，方便了群众办事。三是抓党员队伍建设。积极从退伍军人、妇女和“双带”能手中发展党员，不断为党员队伍注入生机活力。2008 年以来，党支部共发展党员 6 人，培养入党积极分子 15 人；举办培训班 4 期，培训党员群众 500 余人次，培养致富带头人 20 余人。四是抓党员发挥带头人作用。积极开展党员创业带富工程，组织 15 名党员与 50 户贫困户结对帮扶，帮助贫困户脱贫致富。比如党员文正友帮扶指导贫困户王兴荣发展山羊养殖，养殖了 48 只山羊，年收入增加 2 万多元。

（二）生态美村，建设美丽家园

一是加强生态建设。多年来，海雀村群众在老支书文朝荣的带领下，坚持植树造林。当时文朝荣植树造林的想法，遭到不少村民反对，他们说："我们连饭都吃不饱，哪个有闲心跟你去种树！"知道乡亲们是穷怕了，他对乡亲们说："我是共产党员，我不会骗大家，我们只有植树造林，山上有林才能保山下，有林就有草，有草就能养牲口，有牲口就有肥，有肥就有粮。"1987 年冬天开始，文朝荣老支书每天组织 300 多个村民，天亮就上山放线挖坑，晚上回家披星戴月，经过 3 个冬天的苦战，种植树苗 13 400 多亩。植树造林，三分种，七分管。为了管好林地，文朝荣组织村支部和村委会在征求群众意见后，拟出了村规民约：严禁在林区内放牧；严禁毁林开荒；严禁放火烧山；严禁乱砍滥伐的不良行为……同时，村里还成立了由 6 名青壮年组成的护林队，由大家凑粮食作为报酬，每人每年 350 公斤苞谷，每天派出 2 人在山上巡逻。在全体村民的努力下，森林得到了保护，水土得到了保持。而担心无处放牧的村民，也在老支书带领下，改变了过去饲养牲畜满山跑的习惯，依照季节轮休放牧，走出了传统和现代相结合的混合放牧的路子。现在海雀村家家户户都饲养了猪、牛、羊、鸡，从不担心没有牛羊吃草的地方。海雀村 13 400 多亩华山松，从没发生过一次火灾，曾经的荒山变成了周边 9 个村人畜饮水水源地，村民再不用到外村背水。万亩林场不仅保护了海雀的生态，也成了海雀人的绿色银行，目前，海雀村林木的估值超过 8 000 万元，人均经济存量 10 万元左右，每年海雀群众靠采摘松果就可获得一笔可观的收入。2007 年 10 月，由中央智力支边协调小组与中国电视艺术家协会联合创作的文献纪录片《走进毕节》对海雀村植树造林、林业管理和林权体制改革经验进行了报道。30

多年前“山山黄土裸露，家家茅草破屋”的破败景象，只能从村委会旁的文朝荣事迹陈列馆内几幅老照片中觅得些许踪迹。现在的海雀村森林覆盖率达 70.4%，人均纯收入突破万元关口，达到 10 611 元。海雀村的巨大变化，是贵州省毕节试验区成立 30 多年来发展成就的一个典型代表。二是大力改善人居环境。在各级各部门的帮助下，海雀村建成了通村柏油路，硬化通组路 3 千米、联户路 5 千米，改造茅草房户和危房户 111 户，建黔西北特色民居 140 栋，户户硬化了院坝，改厕 138 个，种植进村行道树 1 000 余株，建成了白墙青瓦、绿树掩映、干净整洁的美丽村庄，彻底改变了群众以前住杈杈房、茅草房和人畜共居的历史。2011 年，县扶贫办投入 150 万元，进一步对海雀村进行村庄治理。

30 多年前，海雀村的森林覆盖率只有 5%，村民居住的是杈杈房，水电不通，道路坑洼。而今，海雀村森林覆盖率达 70.4%，村民居住的是雅致的黔西北民居，家家用上了电器，通村柏油路与水泥连户路连通。海雀村先后荣获“全国先进基层党组织”“全国造林绿化千佳村”“全国生态文化村”“全国民族团结进步模范集体”等称号。海雀村干部群众将继续发扬文朝荣精神，脚踏实地，扎实苦干，一手抓经济建设，一手抓精神文明建设，让海雀村“全国文明村镇”这块牌子不断焕发新的光彩。

今日海雀村

昔日生态恶化的海雀村

昔日海雀恶劣生态环境

（三）产业富村，增加群众收入

针对海雀村高寒、土地贫瘠的现实，党支部带领全村党员加强产业结构调整，走出了一条发展致富路。一是招商引资，在增收致富上下功夫。引进企业建成了 20 万羽规模的养鸡场一个，通过流转土地、财政资金入股企业等方式，每年可分到 20 万元作为村集体经济积累，通过扶贫资金量化入股到企业，贫困户参与分红，户均增收 2 727 元。同时养鸡场还吸纳贫困群众 20 人就业，年人均收入 30 000 元以上。引回返乡农民工创办服装厂，村集体用厂房参与入股，拥有 5% 的股份。同时解决 70 人就业，其中贫困户 26 人，月人均收入 2 500 元，还带动了周边 20 余家农户增收，群众可以在家门前务工，大大提升了收入。二是发展种植业和畜牧产业。现有 50 户 220 名贫困群众参与养牛，户均养牛 2 头以上，增收超过 4 000 元。村“两委”带领农户大胆探索，先期实验种植了矮化苹果 10 亩，产出的苹果品质口感极佳，深受消费者欢迎。2017 年引进企业种植矮化苹果 500 亩，2019 年户均增收 3 000 元，覆盖农户 222 户，切实增加了群众收入。同时发展中药材、食用菌、种薯、蜜蜂等特色产业，通过产业发展带动了 50 户 220 人贫困群众增收脱贫。三是用活森林资源。在深圳福田区政府的帮助下，建立了木材加工厂，让青山变成活银行，预计每年为村级集体增加收入 24 万元。

三、工作成效

（一）苦甲天下的贫穷山村“变身”林茂粮丰的美丽乡村

30 多年前，海雀村的森林覆盖率只有 5%，村民居住的是杈杈房，村民衣不避体，水电不通，道路坑洼。而今，海雀村森林覆盖率达 70.4%，村民居住的是雅致的黔西北民居，衣带整洁，家家用上了电器，通村柏油路与水泥连户路全面连通，家家欣欣向荣、人人丰衣足食。以前“山山黄土裸露，家家茅草破屋”的破败景象，只能从村委会旁的文朝荣事迹陈列馆内几幅老照片中觅得些许踪迹。

（二）风沙四起的荒漠山坡“变身”绿荫环绕的万亩林海

文朝荣老支书 30 多年如一日，以愚公移山的精神，带领群众紧紧围绕毕节试验区开发扶贫、生态建设、人口控制三大主题，斗荒山、战贫困，把全村 1.3 万亩荒山从风沙四起的“和尚坡”变成了万亩林海，书写了绝地逢生的精彩传奇，淬炼了不向贫困屈服的奋斗精神，被群众誉为搬动贫穷大山的“老愚公”。上万亩的华山松、马尾松铺山盖岭，林海松涛的无边绿色，让每一个走进海雀的人都深深地受到震撼。

（三）景色秀丽的绿水青山“变身”富甲一方的“金山银山”

万亩林场不仅保护了海雀的生态，也成了海雀人的绿色银行，目前，海雀村林木的估值超过 8 000 万元，人均经济存量 10 万元左右，每年海雀群众靠采摘松果就可获得一笔可观的收入。2007 年 10 月，由中央智力支边协调小组与中国电视艺术家协会联合创作的文献纪录片《走进毕节》摄制组对海雀村植树造林、林业管理和林权体制改革经验进行了报道。现在的海雀村森林覆盖率达 70.4%，人均纯收入突破万元关口，达到 10 611 元。海雀村的巨大变化，是贵州省毕节试验区成立 30 多年来发展成就的一个典型代表。

四、经验启示

毕节市赫章县的海雀村是毕节试验区的一个缩影，海雀村综合辩证地处理了经济发展与资源环境关系，抓住了贫困的主要矛盾，找准了喀斯特地区经济社会发展缓慢的“痼疾”。

面对揪心的穷山恶水，以及连年水打沙壅的生态灾害，老支书文朝荣坚信“只要山上有树，就能挡住风沙，山上有树就能保山下，有林才有草，有草就能养牲口，有牲口就有肥，有肥就有粮”，他踏破门槛、磨破嘴皮，动员村民植树造林。从 1986 年冬天起，村民向“和尚坡”发起冲锋，连续奋战三个冬春，造林 13 400 多亩，使得全村 30 多个山头再次披上绿装。

既要生态美，也要百姓富。海雀村在植树造林、绿化荒山过程中，探索出了“五子登科”立体生态建设模式，即山上植树造林“戴帽子”，山腰坡改梯配经济果木林“拴带子”，坡土种绿盖地膜“铺毯子”，山下多种经营“抓票子”，基本农田集约经营“收谷子”，有效遏制了水土流失，改善了生态环境，促进了经济发展。

“绿水青山就是金山银山”。海雀村的万亩松林成了富民增收的“绿色银行”。海雀村林木的估值超过 8 000 万元，人均经济存量 10 万元左右，现在仅采摘松果一项就能让部分农户每年增收五六千元。

案例六

护好“绿水青山”金叶子 收获幸福生活好日子

云南省保山市腾冲市固东镇江东社区

一、背景情况

江东社区（原名江东村），位于腾冲市固东镇东南面，距市区35千米、镇区7千米，与云南腾冲国家地质公园相邻，面积35.42平方千米，辖陈家寨、坝心、江盈、四合4个自然村、19个村民小组。2019年末，江东社区总户数1 137户，总人口4 062人。该社区因拥有天然连片的银杏林1万余亩、4万余株，又名“银杏村”。先后荣获“中国最美银杏村落”“全国生态文化村”“中国最有魅力休闲乡村”“云南省省级文明村”“云南省绿色社区”“云南30佳最具魅力村寨”“云南省旅游特色村”“云南十大刺绣名村”等11个省级以上称号。

二、主要做法

近年来，江东社区以银杏为主角，以旅游为主线，积极搭台唱戏，把“树叶子”变成“金叶子”，闯出了将一条“绿水青山”转化为“金山银山”“的好路子。

（一）守护一棵树

明洪武年间，江东先祖从四川成都“三征麓川”到腾冲戍边，在房前屋后和庭院里种下银杏树，以此怀念故乡。千百年来，江东人本着以树养人，以人育树的人与自然和谐发展理念，创造了“林在村中，村在林中，人在画中”的奇观，也因此银杏树在江东另有“公孙树”的雅号。党的十八大以来，在党的生态文明建设和乡村振兴战略指引下，江东社区通过多种方式全面加强对生态环境的保护，为把银杏做成江东人民增收致富“摇钱树”奠定了坚实基础。一是建立古树名木责任制。明确责任集体和责任人，将古树名木保护责任落实到社区、管委会、村民小组和个人，实行挂牌保护。目前，共挂牌保护树龄 400 年以上银杏树 128 株。二是制定村规民约。通过村规民约，禁止村民私自砍伐银杏树，哪怕是对一些自然枯死的银杏树，也需报备村委会和林业部门同意方可剔除。禁止购买外地银杏树种进村栽植，为树立“江东银杏果”品牌奠定基础。三是坚持植树造林。通过修林管护、幼苗补植、荒山造林等，扩大绿化面积。目前，已绿化 2.15 万亩，占全村林地总面积 2.68 万亩的 80%。四是开展环境综合整治行动。江东社区严厉打击乱采滥挖、乱收滥购、无证运输、擅自移栽、故意毁坏、非法砍伐古树等行为。江东人世代传承守护“黄叶子”，现存拥有百年以上树龄的银杏树 1 200 余株，最古老的“银杏王”树龄在 1 300 年左右，已成为云贵高原最古老、最集中、面积最大的银杏古村落。

银杏之秋

银杏王

（二）做靓四大工程

过去，因地处边远、基础薄弱，资源沉睡，江东社区是固东镇最贫困的地方，被称为“路尾巴、电尾巴、水尾巴”，当地流传“养女嫁入江东村，不如推下天生江”的说法。而今，在党的好政策引领下，江东围绕“一叶、一果、一居、一绣”，实施“四大工程”，打造“赏江东自然美景、尝银杏系列美食、品地方民俗文化”生态旅游品牌，将生态资源优势转化为特色旅游发展优势，把“绿水青山”铸成了“金山银山”。

1. 实施旅游设施配套工程，做靓一叶。近年来，江东不断强化旅游基础建设，累计投入 1.92 亿元，硬化道路，建设水体景观、公厕、文化活动场所、凉亭、停车场、污水处理站等。建立垃圾收运处理、环境卫生保洁机制，提升公共服务能力，为每年 10—12 月这一赏银杏的黄金时节，做好“筑巢引凤”工作。2019 年末，共接待中外游客 41 万人次，旅游总收入达 6 000 余万元。如今的江东人，就连掉落地上的银杏叶都变废为宝，老人们将其编织成花环，每个售价 5 ～ 10 元，每月可有 1 500 ～ 3 000 元的收入，既补贴了家用，又锻炼了身体。

编织银杏花环

银杏小院

2. 实施古树名木保护工程，做活“一果”。银杏树的果子称“白果”，江东白果颜色呈银白色，口感细腻，江东人在维护本地品种品牌的同时，借势把赏银杏叶、吃白果宴、购白果礼、住银杏家做成产业链。据统计，一株树龄300年左右的银杏树，每年仅果子收入就可达上万元。随着旅游业的兴旺，以“白果宴”出名的农家乐数量从2008年的8户发展到2019年的168户，银杏果产品销售达600余万元。村里最早开办农家乐的黄刚金，2016年被国家旅游局评委“金牌农家乐”。他自豪地说：“一个旅游旺季的纯收入至少在20万元以上”。

农闲绣花

游客满园

3. 实施民居改造提升工程，做特“一居”。按“吃在农家，住在农家”思路，该村以群众自筹及投工投劳为主，整合项目为辅的资金筹措方式，对核心区民居进行改造提升，打造“生态民宿”。民居旅馆床位从20个增至1 632个，带动本村及周边村民就业700多人。

4. 实施文旅融合工程，做美“一绣”。该村采取“公司＋合作社＋农户”的乡村文化产业运作模式，对闲置在家妇女进行“农闲绣花”培训，不仅把刺绣本身就是一道美丽的旅游风景，而且纯手工绣品作为商品备受游人青睐。目前，参与刺绣产业的妇女已突破1 000人，仅此一项增加农民收入400多万元。“四个一、四大工程”强力助推江东发展，昔日的“三尾巴”村，一跃成了富裕村。

（三）共圆一个梦

秉承“绿水青山就是金山银山”的发展理念，江东在“绿水青山就是金山银山”实践创新中，着重从四个方面构筑生态致富梦。

1. 强组织。按照“聚焦产业、突出特色、引进优质企业”的思路，搭建企业和地方融合平台，形成市、镇、村、民四级联动机制。2015年8月，市、镇、村三方注资1 000万元，成立腾冲四季江东景区开发管理有限责任公司，对江东社区进行统筹管理。

2. 谋规划。坚持规划先行，以“七彩梦幻、四季江东”为总体定位，以“古色古乡”为文化定位，以“一叶染黄岁月，七彩光耀四季，阡陌倒映乡愁，庭院温暖光阴”为形象定位，营造“春看花、夏耕田、秋摘果、冬赏景”的四季旅游氛围。在《固东镇江东银杏村传统村落保护发展规划》的基础上，高起点、高标准、宽视野编制发展总体规划。

3. 兴产业。瞄准乡村旅游发展新前沿，顺应消费升级新变化，强化农旅、文旅、商旅深度融合，以旅游产业为核心拉动，带动生态环保、运动休闲、舒适宜居、特色文创四大板块，促进景区从旅游观光型向休闲度假型转变，拓展“银杏+”模式，形成多元化、多领域、多渠道发展的惠民产业链。

4. 重投资。坚持“政府引导、企业主体、群众参与、市场运作”原则，充分发挥市场在资源配置中的决定性作用，执行4A级国家知名旅游景区与特色小镇建设标准，计划总投资7.57亿元，逐年逐项推进规划项目落地落实。

三、工作成效

（一）生态保护效益突出

江东社区在发展乡村旅游过程中，十分注重生态环境保护。江东山林管护从禁止砍伐和私自买卖，到幼林扶持、荒山造林，再到生态公益林和天然林保护划分，始终秉承“保护优先”原则。每年生态公益林和天然林抚育资金到户到村 9.54 万余元，银杏树每年产果 10 万～15 万斤，每年仅银杏果销售额就超过 600 万元。此外，江东注重保护辖区仅有的喀斯特地貌花台仙山、秀丽优美的龙川江大峡谷、神奇惊险的天然溶洞、神秘莫测的古战场“鬼磨针”等，使江东成为集山、水、林、洞、峡等生态奇观及历史文化遗址为一体的多元生态旅游目的地。

（二）经济社会效益明显

2008 年之前，江东社区的集体经济收益始终没有突破 1 万元，村集体经济在固东镇九个社区中稳居第一。2019 年末，村集体经济达 59.48 万元，2020 年计划达 70 万元以上。如今，江东社区道路硬化率达到 100%，电、自来水、网络覆盖率均达 100%。村组道路全部装上了路灯，新建了村卫生所、村级公墓、村组活动场所和露天运动场所等诸多惠民设施。义务教育、医疗卫生、社会保障等重点民生指标完成率达 100%；2019 年，建档立卡贫困户全部参加了旅游服务类劳动力技能培训，提高了旅游服务水平，旅游从业人员达 700 人以上。

（三）民生福祉改善到位

江东社区统筹项目建设、整合社会资源，实现乡村旅游开发跨越升级。民居旅馆、旅游产品、特色美食等旅游服务业蓬勃发展，带动群众增收致富，截至 2019 年末，江东农村常住居民人均可支配收入 13 200 元，较上年增长 30.43%，与 2008 年相比增加了 3.3 倍，已超过腾冲市 12 512 元的平均水平。同时，家居环境整治、家居风貌改造及民宿旅馆提质升级等大量工程项目实施，大大改善了群众居住条件和生活水平。已累计改造农家新居 168 户、风貌改造 252 户、农村危房改造 460 户。

四、经验启示

（一）找准转化路径是关键

经过近十年的实践探索，江东社区找到了“银杏 + 旅游”的“绿水青山“转化路径，选对了发展路子，取得了明显成效。每个地区都有山水林田湖草等不同的资源优势，把最突出、最亮眼的优势做强做大，既要注重借助外力，又不能对简单照搬照抄别人的成功的经验，既要处理好保护与发展的关系，又要坚持走多元联动发展路子，同时也要注重做好规划，选准定位、盘活资源、想好办法，未雨绸缪。

（二）做好品牌培树是重点

绿水青山转化为旅游资源的发展模式，不能“一拥而上”，要立足自身情况、结合实际、找准定位、因村制宜，用好自身特点和优势，形成“一对一”“一村一特”“一村一业”的格局；如江东社区，“银杏”是其最具特色的资源，那么就把银杏树作为旅游资源中培育重点，围绕重点开展村级项目化建设，以项目促进服务，以服务拉动发展，把重点资源、重点领域品牌化、个性化。

（三）健全联动机制是保障

做好生态环境保护，把“绿水青山”变成群众增收致富的“金山银山”，仅靠镇、村两级党委、政府是远远不够的，要积极争取市级以上各级党委、政府的大力关心支持，确保政策扶持到位，科学指导到位，要依靠人民群众，想人民所想，急人民所急，积极调动群众的主观能动性，让群众想参与、能参与、会参与，这样才能让“绿水青山”转化“金山银山”的发展更可持续、更具活力和魅力。

江东社区全景